川哥教你 MariaDB 实战

◎ 李世川 编著

清华大学出版社
北京

内 容 简 介

本书关注和讲解的是 MariaDB 数据库的相关技术和应用。MariaDB 是当前开源数据库中的一员,应用面非常广,技术不断得到更新,版本升级快,性能不断提升和优化。本书详细介绍了 MariaDB 在多操作系统中的安装、连接方式、用户管理、数据库和数据表操作、数据查询、索引、外键、函数、视图和触发器,以及数据备份与恢复等重要内容,简要介绍了通过几种常用编程语言连接和操作 MariaDB 数据库的方法。

本书内容丰富,基本覆盖 MariaDB 数据库各个方面的知识,包括用户管理(权限和角色管理等)、数据的新增、更新、删除和查询等,还配合了各类示例,以帮助读者理解和快速掌握相关技术。

本书适合作为初级及中级开发工程师、数据库管理员、MariaDB 数据库学习人员、从事数据库应用系统的研发人员的参考用书,还可供高等院校计算机、大数据等专业学生使用。

本书封面贴有清华大学出版社防伪标签,无标签者不得销售。
版权所有,侵权必究。举报:010-62782989,beiqinquan@tup.tsinghua.edu.cn。

图书在版编目(CIP)数据

川哥教你 MariaDB 实战/李世川编著. —北京:清华大学出版社,2023.12
ISBN 978-7-302-63833-9

Ⅰ. ①川… Ⅱ. ①李… Ⅲ. ①关系数据库系统 Ⅳ. ①TP311.138

中国国家版本馆 CIP 数据核字(2023)第 102759 号

责任编辑:贾 斌
封面设计:何凤霞
责任校对:徐俊伟
责任印制:刘海龙

出版发行:清华大学出版社
    网 址:https://www.tup.com.cn,https://www.wqxuetang.com
    地 址:北京清华大学学研大厦 A 座 邮 编:100084
    社 总 机:010-83470000 邮 购:010-62786544
    投稿与读者服务:010-62776969,c-service@tup.tsinghua.edu.cn
    质量反馈:010-62772015,zhiliang@tup.tsinghua.edu.cn
    课件下载:https://www.tup.com.cn,010-83470236
印 装 者:天津鑫丰华印务有限公司
经 销:全国新华书店
开 本:185mm×260mm 印 张:11.5 字 数:289 千字
版 次:2023 年 12 月第 1 版 印 次:2023 年 12 月第 1 次印刷
印 数:1~1500
定 价:59.00 元

产品编号:097661-01

前言

本书重点关注后端技术。数据库是当前重要的数据保存工具,其技术发展很快,关系数据库技术已经很完善了,而 MariaDB 是开源关系数据库中较成熟的一款,并得到广泛应用。多年来,我基于 MariaDB 数据库开发了多项应用,并已得到推广和应用。基于此,我愿意分享 MariaDB 数据库操作相关经验。

MariaDB 是一款优秀的开源关系数据库,尽管它只是 MySQL 的一个分支,但当前已经得到广泛的应用,其性能表现卓越,且稳定性好,无论是安装、管理还是升级等各方面,都提供了方便的方法和手段。我喜欢它的简洁又不失性能,在大数据的处理上也有很好的表现。所以,本书立足信息系统的研发,从到底如何入手、需要掌握数据库到什么程度的角度出发,讲好 MariaDB 数据库的使用,为了不显得太过枯燥乏味,加入了很多相关示例。本书的章节编排由浅入深、逐步深入,使读者易于掌握。由于 MariaDB 更新速度较快,本书在定稿前,我再次将其更新到当前最新版本,并运行了其中所有示例,将一些不适用于新版本的语句进行了更换。

实际操作是掌握数据库管理的最佳方法,对此我深有体会。本书通俗易懂,尽量抛开复杂而难懂的理论,立足实战;涉及 MariaDB 数据库中的多个方面,知识点很多,并提供详细案例。通过本书的学习,读者能快速掌握开源数据库 MariaDB,以应用于实际项目。

本书得以快速完成,要感谢我的家人在我撰写本书时给予的无私支持,同时感谢我的同事提供的有力帮助。

本书共包含 11 章,各章主要内容如下。

第 1 章是介绍关系数据库基础知识、初识数据库 MariaDB 以及开始 MariaDB 学习前的准备工作,包括多操作系统中的安装、连接管理工具等。目的在于使读者可以快速对 MariaDB 数据库形成一个基本概念,同时,认识到一个好的工具更能提高对 MariaDB 的管理效率。

第 2 章介绍 MariaDB 数据库中的用户管理,包括用户管理、权限管理和角色管理,这几个知识点很基础,也很重要,特别是在多用户、多系统管理中,是必备的知识。

第 3 章介绍 MariaDB 数据库中的操作。在 MariaDB 中,可以创建多个不同的数据库,用以对数据表进行不同的管理。在本章,读者将学到如何创建数据库、删除数据库以及如何使用数据库,为了更直观地管理,本章还介绍了如何在图形界面中进行操作。同时,读者在本章将学到重要的知识——名称约束等,通过这些知识点,可以掌握在名称中如何规避错误,遇到名称错误时应该如何处理的方法。

第 4 章介绍 MariaDB 数据库中的数据表操作,数据表是承载数据的重要载体,MariaDB 同多数关系数据库类似,对数据是强制类型的,即在使用前需要严格定义。通过本章读者将学习到如何创建、修改、删除和复制数据表,重要知识点在本章已经进行标识。

第 5 章介绍 MariaDB 数据库中的数据操作,即数据的插入、更新、删除和查询操作。重点介绍了与查询相关的操作,即如何查询到相关内容。这是查询时非常有用的操作。

第 6 章介绍 MariaDB 数据库中的检索相关内容。本章内容实际是对数据查询内容的延伸,重点关注数据表内容的检索。如何加快数据的检索,掌握索引技术非常重要,这是优化查询的重要手段之一。本章充分介绍了在 MariaDB 中支持的各种索引技术。外键实际上是约束数据完整性的一种手段,可减少开发人员在应用开发中对数据的校验,避免数据出现不完整。

第 7 章介绍 MariaDB 数据库中的函数与过程相关内容。一些教程和开发规范提出应尽量避免使用各个数据库中的函数和过程,以提高可移植性。但在数据库中使用函数和过程,可加快数据处理的速度,并可提高复用性和数据处理的灵活性。基于此,本章详细介绍了这两部分内容,同时介绍了如何自定义函数等内容。

第 8 章介绍 MariaDB 数据库中的视图和触发器及其相关内容。当创建的数据表和多个不同的数据表都有关联,导致书写的 SQL 语句非常复杂时,或者当用户想隐藏一些 SQL 细节,只开放其中部分内容给一定权限人员时,视图发挥了重要作用——可隐藏数据表的复杂细节;触发器可在数据表发生变化时处理一些常规内容,减轻应用开发的烦琐。本章对这两部分内容进行了详细介绍。

第 9 章介绍 MariaDB 数据库中数据的备份与恢复及其相关内容。数据备份与恢复是保障数据安全的重要手段。本章重点介绍在 MariaDB 中如何有效备份数据、备份数据的各种方法和策略以及如何还原数据。

第 10 章介绍第三方开发语言如何连接 MariaDB 数据库。学习 MariaDB 的目的是对数据进行管理。数据的来源有多种方式,其中重要的途径是来自第三方开发系统。基于此,本章重点介绍了几种常见编程语言连接 MariaDB 的方法。实际上,不限于本章内容,其他编程语言也提供了连接 MariaDB 的方法,并能对其中的数据进行管理。

第 11 章介绍 MariaDB 数据库中的设置相关,主要包括 MariaDB 如何在多操作系统中的升级,如何有效设置远程访问,如何重置 root 密码以及数据表名大小写的问题。本章对实际操作中很多开发人员经常遇到的问题单独进行了介绍。

本书虽然内容不多,但涉及了 MariaDB 中的很多重要方面,也是开发人员在实际开发中经常遇到的,对于管理和开发很有参考价值。

目录

第 1 章 初识 MariaDB ································ 1
1.1 关系数据库介绍 ································ 1
1.2 MariaDB 介绍 ································ 2
1.3 MariaDB 的安装 ································ 3
  1.3.1 在 Windows 下安装 MariaDB ································ 4
  1.3.2 在 CentOS 下安装 MariaDB ································ 10
  1.3.3 在 Ubuntu 下安装 MariaDB ································ 14
1.4 连接管理工具 ································ 15
  1.4.1 命令模式 ································ 15
  1.4.2 PHPMyAdmin ································ 17
  1.4.3 HeidiSQL ································ 18
  1.4.4 Navicat ································ 19
本章小结 ································ 20

第 2 章 用户管理 ································ 21
2.1 用户管理概述 ································ 21
2.2 用户管理命令 ································ 22
  2.2.1 创建用户 ································ 22
  2.2.2 修改用户 ································ 24
  2.2.3 删除用户 ································ 26
2.3 用户权限 ································ 26
  2.3.1 权限 ································ 26
  2.3.2 赋予权限 ································ 28
  2.3.3 查看权限 ································ 29
  2.3.4 撤销权限 ································ 31

2.4 角色管理 ·· 32
　　2.4.1 创建角色 ·· 33
　　2.4.2 追加权限 ·· 34
　　2.4.3 删除权限 ·· 35
　　2.4.4 删除角色 ·· 35
本章小结 ·· 36

第 3 章 数据库操作 ·· 37

3.1 创建数据库 ·· 37
3.2 使用数据库 ·· 39
3.3 删除数据库 ·· 41
3.4 使用图形界面操作 ·· 42
3.5 名称约束 ·· 44
　　3.5.1 有效字符 ·· 45
　　3.5.2 其他规则 ·· 45
　　3.5.3 名称长度 ·· 45
　　3.5.4 注释 ··· 46
3.6 保留字 ··· 46
本章小结 ·· 49

第 4 章 数据表操作 ·· 50

4.1 基本概念 ·· 50
4.2 创建数据表基本格式 ·· 52
4.3 创建数据表完整句法 ·· 54
4.4 修改数据表 ·· 56
　　4.4.1 增加列 ·· 56
　　4.4.2 修改列属性 ·· 57
　　4.4.3 删除列 ·· 59
　　4.4.4 重命名列 ·· 59
　　4.4.5 重命名表名 ·· 61
4.5 删除数据表 ·· 61
4.6 复制创建表 ·· 62
　　4.6.1 复制表结构和指定数据 ·· 62
　　4.6.2 只复制表结构 ·· 64
4.7 使用图形界面操作 ·· 65
本章小结 ·· 68

第 5 章 数据操作 ·· 69

5.1 插入数据 ·· 69

		5.1.1	INSERT…VALUES…	69
		5.1.2	INSERT…SET…	70
		5.1.3	INSERT…VALUES…SELECT…FROM…	71
5.2	数据更新			72
5.3	数据删除			73
5.4	查询数据			74
5.5	数据检索			75
		5.5.1	LIKE	77
		5.5.2	ORDER BY	78
		5.5.3	LIMIT	79
		5.5.4	DISTINCT	79
		5.5.5	GROUP BY	80
		5.5.6	INNER JOIN	81
		5.5.7	OUTER JOIN	82
		5.5.8	UNION	83
		5.5.9	IN	85
		5.5.10	BETWEEN	86
本章小结				87

第 6 章 索引与外键 88

6.1	索引介绍		88
6.2	创建索引		88
	6.2.1	CREATE TABLE 创建索引	89
	6.2.2	CREATE INDEX 语句	89
	6.2.3	ALTER TALBE…ADD…INDEX…方式	90
6.3	单列索引		90
6.4	复合索引		92
6.5	唯一索引		93
6.6	主键索引		94
6.7	外键		95
6.8	删除索引		96
本章小结			98

第 7 章 函数与过程 99

7.1	函数和过程介绍	99
7.2	字符串函数	100
7.3	数学函数	104
7.4	日期和时间函数	105
7.5	聚合函数	109

7.6 其他函数 ······ 111
7.7 自定义函数 ······ 113
 7.7.1 自定义函数句法 ······ 113
 7.7.2 IF ······ 114
 7.7.3 LOOP ······ 115
 7.7.4 WHILE ······ 116
 7.7.5 REPEAT ······ 117
 7.7.6 CASE ······ 118
 7.7.7 删除 ······ 119
7.8 自定义过程 ······ 119
 7.8.1 自定义句法 ······ 119
 7.8.2 删除过程 ······ 120
本章小结 ······ 121

第 8 章 视图和触发器 ······ 122

8.1 视图概述 ······ 122
8.2 视图创建 ······ 123
8.3 视图编辑 ······ 125
8.4 编辑内容 ······ 125
8.5 触发器概述 ······ 127
8.6 INSERT 触发器 ······ 128
8.7 UPDATE 触发器 ······ 129
8.8 DELETE 触发器 ······ 131
8.9 查看和删除触发器 ······ 133
本章小结 ······ 134

第 9 章 数据备份与恢复 ······ 135

9.1 概述 ······ 135
9.2 完整备份和还原 ······ 136
 9.2.1 Mariabackup 安装 ······ 136
 9.2.2 完整备份 ······ 136
 9.2.3 还原备份 ······ 137
9.3 增量备份 ······ 138
9.4 使用 mysqldump ······ 139
9.5 主从备份 ······ 141
9.6 主主备份 ······ 144
本章小结 ······ 146

第 10 章　第三方连接 MariaDB ········· 147

- 10.1　Java 连接 MariaDB ········· 147
- 10.2　PHP 连接 MariaDB ········· 154
- 10.3　Python 连接 MariaDB ········· 155
- 10.4　Node.js 连接 MariaDB ········· 157
- 本章小结 ········· 158

第 11 章　高级设置 ········· 159

- 11.1　版本升级 ········· 159
  - 11.1.1　在 Windows 下升级 ········· 159
  - 11.1.2　在 CentOS 下升级 ········· 164
  - 11.1.3　在 Ubuntu 下升级 ········· 164
- 11.2　设置远程访问 ········· 165
- 11.3　忘记 root 密码 ········· 169
  - 11.3.1　在 Windows 下 ········· 169
  - 11.3.2　在 CentOS 下 ········· 171
- 11.4　数据表名大小写问题 ········· 172
- 本章小结 ········· 174

第1章 初识MariaDB

关系数据库作为当前应用最为广泛的数据库，深得业界的认可，发展至今，由于应用领域不同，或是开源与否，已形成不同类型的关系数据库。本书介绍的 MariaDB 数据库是当前深受喜爱并被很多领域使用的关系数据库。本章作为本书的第 1 章，将主要概括介绍关系数据库基础知识、初识 MariaDB 以及开始 MariaDB 学习前的准备工作。

1.1 关系数据库介绍

关系数据库理论在 20 世纪 70 年代被提出，由于关系模型简单明了，并具有坚实的数学理论基础，经过几十年的发展，关系数据库在理论以及数据库管理系统方面都得到长足发展，并在很多领域被广泛使用，包括银行、政工及各企事业单位等。可见，关系数据库对当前世界影响之深远，尽管又陆续提出了非关系数据库、半结构化数据库、时空数据库等，但关系数据库仍是主流。

关系数据库，是一个被组织成一组拥有确定性描述的表格，其中数据严格以预先定义的形式进行存储，并以指定语句方式存取；主要由经过严格定义的表格和数据构成，单个表格包含字段定义和一个或多个行数据。其中，标准的 SQL(Structured Query Language 的缩写)语言是用户操作数据库以及应用程序到关系数据库的接口，目前，SQL 语言已发展出多个版本，其对关系数据库的支持略有不同。常见的关系数据库有 Oracle、SQL Server、DB2、MySQL、MariaDB、Access 和 SQLite 等。

1. 关系数据库的几个较重要的概念

（1）数据库。由包含相关数据的表组成的数据源。

（2）关系。即数据表名称，表示单一的数据结构。在一个数据库中可以包含多张数据表。

（3）属性。即列或字段。在每一张数据表中的列称为一个字段，用来描述数据的意义，一张数据表可包含一个或多个字段。

（4）元组。即记录或行。表中的一行称为元组或记录。

（5）主键。用来唯一确定一条记录的数据。

（6）外键。用作两个表之间的链接。

（7）复合键。指多列作为主键。

（8）域。字段的取值范围。

（9）冗余。指多次存储相同数据以加快存储速度。

（10）关系模式。指关系的描述，表示为"关系名(属性1，属性2，…，属性n)"，在数据库中表示表结构。

2. 关系数据库的特点

（1）使用方便。使用标准 SQL 语言可以方便操作关系型数据库。

（2）易于理解。关系表结构很接近 Excel，理解容易。

（3）便于维护。关系数据库发展很成熟，后期维护很方便。

（4）事务性强。关系数据库强调 ACID，即原子性(Atomicity)、一致性(Consistency)、隔离性(Isolation)和持久性(Durability)，能满足对事务性要求较高或者需要进行复杂数据查询的数据操作。

（5）读写性较好。关系数据库的读写性能表现较好，特别是一些数据库厂商不断优化，读写性能一般会表现良好。

3. 使用关系数据库进行设计的一般原则

（1）命名规范。首先在进行概念模型设计时，需要确定统一的命名规范。比如，设计学生表，其属性有姓名、性别、出生日期等，同时，还要确定各属性的数据类型。

（2）数据的一致性和完整性。要设计足够的方式和方法来保证数据的一致性和完整性，如主键用于约束记录的唯一性、属性的值不能为空等。

（3）减少数据冗余。关系数据库的一个重要原则是减少数据的冗余，常使用外键来减少数据冗余。比如，学生参加课程，此时需要建立一张课程表，然后在学生表中建立对应课程表的外键，用来表示学生参加某一课程，这样课程名一旦发生变更，不会同时修改学生表中对应的课程或是任何引用课程表的地方。但有时为了加快数据的读取，可能会在数据表中存在部分冗余数据。

（4）范式理论。在关系数据库中，一般认为设计达到第三范式，则其在性能、数据完整性以及可扩展性等方面是最好的，即要求在数据库设计之初，尽量做到一个实体用一个关系描述。

1.2　MariaDB 介绍

在开始学习 MariaDB 之前，有必要首先介绍一下。简单一句话，MariaDB 是 MySQL 的一个分支，能兼容 MySQL，包括 API 和命令行，使之能轻松成为 MySQL 的替代品。创建 MariaDB 这一分支的一个目的在于：自甲骨文公司收购了 MySQL 后，MySQL 有闭源的潜在风险，因此其社区采用分支的方式来避开这个风险。自 MySQL 闭源以后，很多互联网企业以及 Linux 发行商转向 MariaDB，如 CentOS 源已取消 MySQL 而默认支持

MariaDB。

尽管 MariaDB 是 MySQL 的一个分支,但其在存储、扩展以及一些新功能等方面都胜过 MySQL。MariaDB 具有以下特点。

(1) MariaDB 支持在 GPL、LGPL 或 BSD 许可下发行。

(2) MariaDB 支持众多的存储引擎,包括高性能存储引擎,用于与其他 RDBMS 数据源一起使用。

(3) MariaDB 使用一种标准且流行的查询 SQL 语言。

(4) MariaDB 支持在多种操作系统上运行,并支持多种编程语言,如 Java、PHP、C 等。

(5) MariaDB 提供 Galera 集群技术。

(6) MariaDB 还提供了许多 MySQL 中不可用的操作和命令。

表 1.1 列出了截至本书编写时,MariaDB 和 MySQL 版本间的简单对应关系。

表 1.1 MariaDB 和 MySQL 版本对比

MariaDB	MySQL
5.1	4.1 或更早版本
5.2	5
5.3	5.1
5.5	5.5
10	5.6
10.1	5.6～5.7
10.2	5.6～5.7
10.3	5.7
10.4	8.0
10.5	
10.6	

总之,MariaDB 的目标是提供一个由社区开发的、稳定的、用户能免费获取的 MySQL 分支。尽量使 MariaDB 与 MySQL 版本保持一致,这一点从表 1.1 中也可以看出。

1.3 MariaDB 的安装

在使用 MariaDB 之前,首先应在本地计算机或服务器上安装 MariaDB。MariaDB 广泛支持多种操作系统下的安装,还支持当前流行的 Docker 安装。MariaDB 除了提供源代码供下载学习和编译安装外,还提供了直接安装编译后的二进制包,至少包括以下的二进制包:

① Windows MSI 安装包;

② Linux YUM 安装包;

③ Linux APT 安装包;

④ Windows 和 Linux 二进制文件。

基于本书面向读者的广泛性,下面将分别针对不同操作系统进行介绍。

1.3.1 在 Windows 下安装 MariaDB

首先使用浏览器进入 MariaDB 官方网站，下载对应版本，其官网地址如下：

https://mariadb.org/.

具体下载页面如下：

https://mariadb.org/download/.

该下载页面示意如图 1.1 所示。

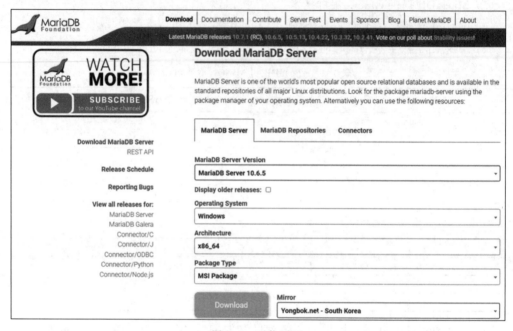

图 1.1　下载页面

在该页面中，默认显示当前最新稳定且提供适用于多种操作系统下的版本，也可选择下载 Development 版本，但不建议将其用于生产环境，稳定版本是经过测试并可用于生产环境的版本。截至作者编写本书时，最新稳定版本是 10.6.5，本书将基于该版本进行介绍。

在 Operating System 下拉菜单中选择 Windows 命令；在 Architecture 下拉菜单中提供 32 位和 64 位选项，如果是安装在 Windows 32 位操作系统下，选择"x86"，如果是安装在 Windows 64 位操作系统下，选择"x86_64"；在 Package Type 下拉菜单中选择 MSI Package 命令，可快速完成 MariaDB 的安装。下面以在 Windows 中安装 64 位版本为例进行介绍。

按照需求选择完成后，单击 Download 按钮进行下载，待下载完成后将其复制到需要安装的计算机、本地服务器或云服务器中。

提示：当前 10.6.5 版本已有很多更新，只支持 Windows 10、Windows Server 2016 及以上版本。如果希望在低版本 Windows 操作系统中运行，则可考虑下载较低版本的 MariaDB。

接着，双击下载的 MariaDB MSI 安装文件 mariadb-10.6.5-winx64.msi，打开安装向导，如图 1.2 所示。

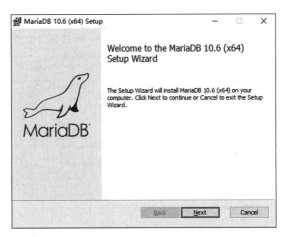

图 1.2 MariaDB 安装向导

在该页面，单击 Next 按钮，如图 1.3 所示。

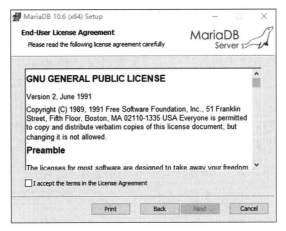

图 1.3 勾选 I accept the terms in the License Agreement 复选框

在该页面，勾选 I accept the terms in the License Agreement 复选框，接着，单击 Next 按钮，如图 1.4 所示。

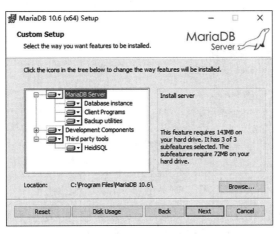

图 1.4 选择存储路径

在该页面，需要选择 MariaDB 的安装路径，一般建议不要安装在 Windows 所在目录，可选择其他剩余空间较大的目录，操作完成后，单击 Next 按钮，如图 1.5 所示。

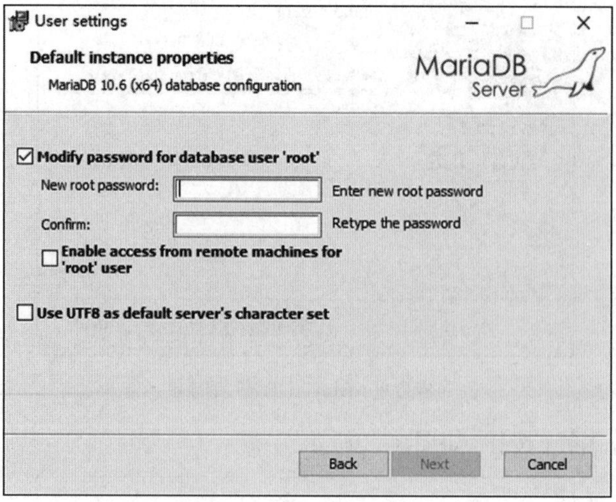

图 1.5　设置 root 密码

由图 1.5 可知，在该页面中需要填写几项重要内容，一是默认已勾选 Modify password for database user 'root'（修改根用户 root 的密码）复选框，在下面文本框中输入根用户 root 的访问密码；二是复选框 Enable access from remote machines for 'root' user（是否允许用户 root 远程访问服务器），如果是初次安装，或安装在远程服务器并用于测试使用，建议勾选该复选框，但在正式使用场合，为了数据库安全，不建议勾选，关于用户管理后续章节将详细介绍；三是复选框 Use UTF 8 as default server's character set（使用 UTF 8 作为默认字符集）建议勾选。

操作完成后，单击 Next 按钮，如图 1.6 所示。

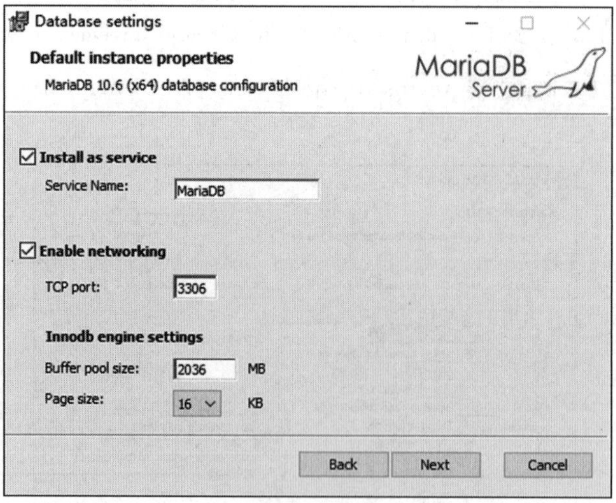

图 1.6　设置服务名、端口等

在图 1.6 所示页面中，Install as service（安装为服务）复选框默认为勾选状态，建议保留该项，便于在启动计算机时 MariaDB 会作为服务自动启动。默认名称为 MariaDB，可以根据实际情况更改为其他名称。Enable networking(允许网络访问)复选框默认为勾选状态,端口号为3306,如果需要网络访问,则该选项需勾选,并占用一个端口号。建议勾选,并可更改为其他端口。最后是Innodb引擎设置,可采用默认值,也可根据需要进行更改。

设置完成后,单击Next按钮,依安装向导进行安装,如图1.7所示。

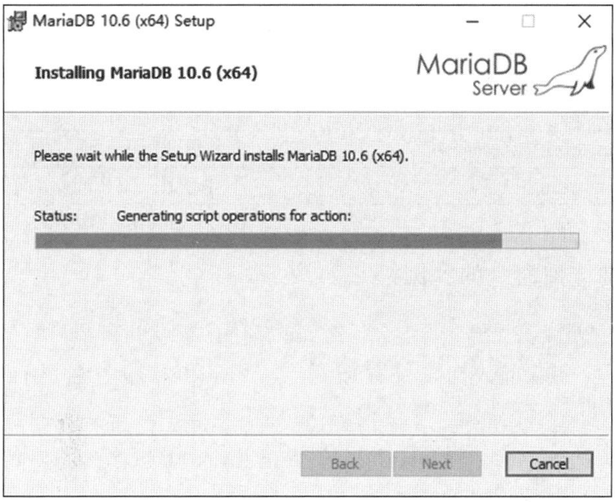

图1.7 安装过程

安装进程很快结束,单击Finish按钮,完成安装。至此,MariaDB数据库即安装至Windows系统中。

以上采用安装向导的安装过程适合于初学者或需要快速安装的情况。

下面是在Windows中采用ZIP压缩包安装的介绍。在MariaDB下载页面中,如图1.1所示,在Package Type下拉列表中选择Zip file选项,下载Zip包。

下载完成后,解压缩Zip包到计算机中的任意位置,如D:\programs\。接着打开"命令提示符",进入MariaDB解压缩文件中的bin目录,输入以下命令进行初始化:

mysql_install_db.exe -- datadir = D:\Programs\mariadb - 10.6.5 - winx64\data

在上面命令中,参数datadir表示MariaDB数据库中数据文件的存放位置,运行以上命令完成后的结果如图1.8所示。

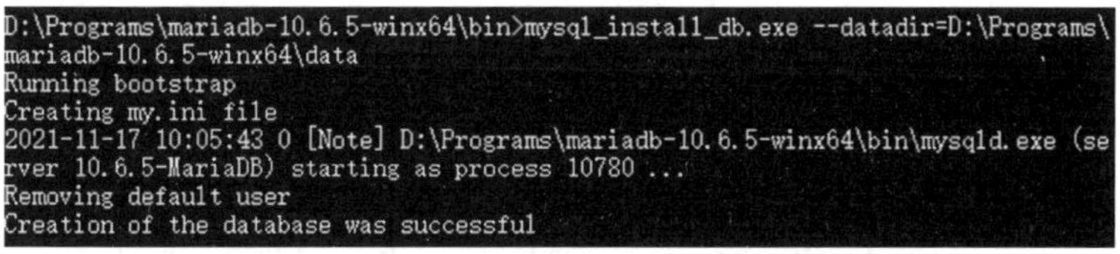

图1.8 MariaDB初始化

其中,mysql_install_db.exe命令用于在Windows下初始化MariaDB数据库,使用该命令时,用户可以利用其提供的不同参数灵活初始化数据库。例如,可以在初始化时,完成用户root密码的设置。使用该命令初始化操作后,将在data目录中创建配置文件my.ini。表1.2所示为mysql_install_db.exe命令中可用参数及其含义。

表 1.2 mysql_install_db.exe 命令参数

参　　数	描　　述
-?, --help	显示帮助信息并退出
-d, --datadir=name	新数据库的数据目录
-S, --service=name	Windows 服务的名称
-p, --password=name	root 用户密码
-P, --port=#	mysqld 端口
-W, --socket=name	命名管道名称
-D, --default-user	创建默认用户
-R, --allow-remote-root-access	允许用户 root 通过网络进行远程访问
-N, --skip-networking	不要使用 TCP 连接，而是使用管道
-i, --innodb-page-size	指定 innodb 页面大小

以下是一个更加详细命令的示例：

`mysql_install_db.exe -- datadir = D:\data -- service = MyDB -- password = root -- port = 308`

上面命令运行后，将指定数据文件存放目录、Windows 服务名、用户 root 密码以及访问端口号。

提示：如果在该命令中注册 MariaDB 的 Windows 服务，需要以管理员身份运行"命令提示符"；否则，会提示"拒绝访问"（下同）。

如果没有在初始化命令中创建 Windows 服务，初始化完成后，可使用下面的命令创建 MariaDB 服务，并指定服务名：

`mysqld -- install MyDB`

运行以上命令后，结果如图 1.9 所示。

图 1.9 注册 MariaDB 服务

至此，MariaDB 数据库安装完成，用文本编辑器打开配置文件 my.ini，创建命令自动生成的配置文件内容如图 1.10 所示。

```
[mysqld]
datadir=D:/Programs/mariadb-10.6.5-winx64/data
port=308
[client]
port=308
plugin-dir=D:/Programs/mariadb-10.6.5-winx64/lib/plugin
```

图 1.10 my.ini 配置文件

显然，配置文件比较简单，还无法满足需求，可编辑该配置文件，示例内容如下：

```
[mysqld]
basedir = D:/Programs/mariadb-10.6.5-winx64
datadir = D:/Programs/mariadb-10.6.5-winx64/data
```

```
port = 308
max_connections = 30

#default-time-zone = '+8:00'

innodb_status_output = TRUE
innodb_status_output_locks = TRUE

character_set_server = utf8
collation-server = utf8_general_ci
init_connect = 'SET NAMES utf8'
collation_server = utf8_general_ci

general_log = TRUE
general_log_file = D:/Programs/mariadb-10.6.5-winx64/logs/general_query_all.log
log_error = D:/Programs/mariadb-10.6.5-winx64/logs/mysqld_error.log
log_queries_not_using_indexes = TRUE
long_query_time = 3
slow_query_log = TRUE
slow_query_log_file = D:/Programs/mariadb-10.6.5-winx64/logs/slow_query.log

log_slow_verbosity = query_plan,explain

[mysql]
default_character_set = utf8
show_warnings

[client]
plugin-dir = D:/Programs/mariadb-10.6.5-winx64/lib/plugin
port = 308
```

将以上内容复制到配置文件 my.ini 中，重点是创建了日志文件，其存放位置可根据需要自行定义，如 D:/Programs/mariadb-10.6.5-winx64/logs/general_query_all.log，即放在 MariaDB 解压后的目录下，但存放目录要确实存在，比如，logs 目录不存在，则需要手动创建；否则日志无法记录。同时，重新定义端口为 308，并指定字符集为 utf8。

编辑完成配置文件 my.ini 后保存。在命令提示符下输入下面命令启动 MariaDB 服务：

net start MyDB

其中 MyDB 为数据库服务名，根据实际情况，修改为自定义服务名，启动成功后如图 1.11 所示。

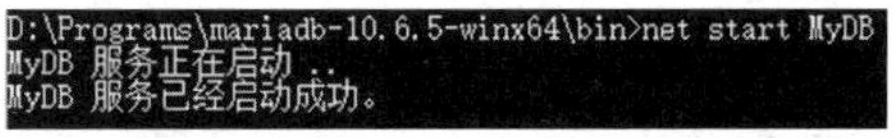

图 1.11 正常启动 MariaDB 服务

或是通过 Windows 服务窗口启动服务，如图 1.12 所示。

选择 MyDB 服务后，单击"启动"按钮，同样可以启动 MariaDB 服务。

以上两种方式都可实现在 Windows 中安装 MariaDB 数据库，采用第二种方式安装看似复杂，实际具有更强的灵活性，更加适合于批量安装或是用于和开发应用系统整合而制作安装包。

图 1.12　启动 MyDB 服务

1.3.2　在 CentOS 下安装 MariaDB

CentOS(Community Enterprise Operating System,社区企业操作系统)是 Linux 发行版之一,由于其性能稳定性好,主要用于服务器市场。下面以在 CentOS 8 中安装 MariaDB 为例进行介绍。

在 CentOS 中安装 MariaDB 有多种选择方式:一是用编译后的二进制代码安装;二是以源代码进行安装,这种方式可以灵活地定制化安装,本书不深入讨论源代码安装。在客户端以 root 身份登录 CentOS 8 系统后,使用下面命令更新系统:

```
# dnf update -y
```

以上命令将对系统进行更新操作,如图 1.13 所示。

图 1.13　更新 CentOS 8

如果 CentOS 8 系统有更新,则等待更新完成。

更新完成后,需要添加 MariaDB yum 存储库,在命令行模式下,运行下面的命令:

```
# curl -LsS -O https://downloads.mariadb.com/MariaDB/mariadb_repo_setup
# bash mariadb_repo_setup -- mariadb-server-version=10.6
```

运行以上命令后,结果如图 1.14 所示。

图 1.14　运行 curl 和 bash 命令

运行结束后,接着运行下面的命令:

```
# dnf install boost-program-options -y
# dnf module reset mariadb -y
```

```
# dnf install MariaDB-server MariaDB-client MariaDB-backup
```

运行以上命令后,结果如图 1.15 所示。

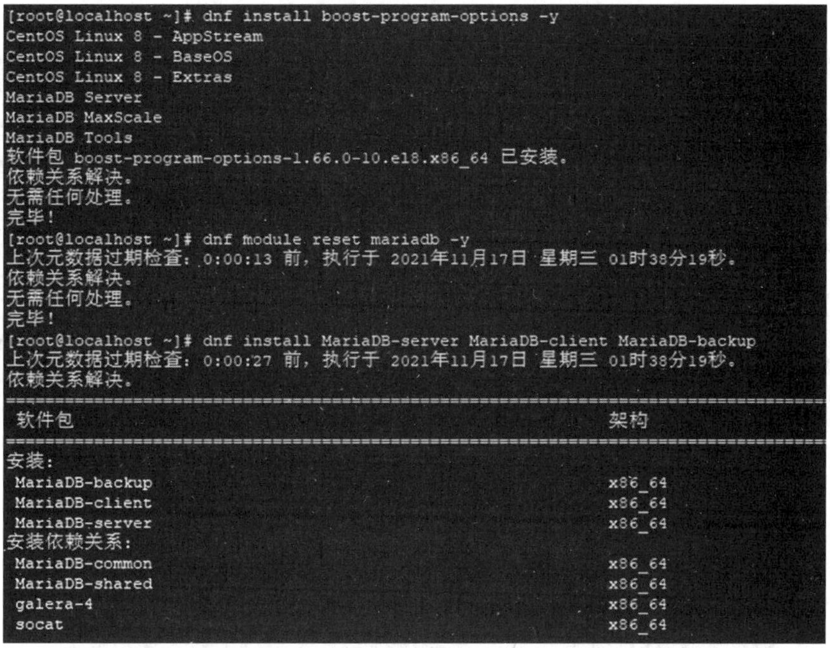

图 1.15 安装 MariaDB 数据库

按照图 1.15 的提示,输入字符 y,将安装 MariaDB 相关项。

安装完成后,输入下面的命令:

```
# systemctl enable --now mariadb
```

运行结束后,将启动并启用 MariaDB 服务。至此,安装完成,可输入下面的命令验证是否安装成功:

```
# rpm -qi MariaDB-server
```

运行以上命令后,结果如图 1.16 所示。

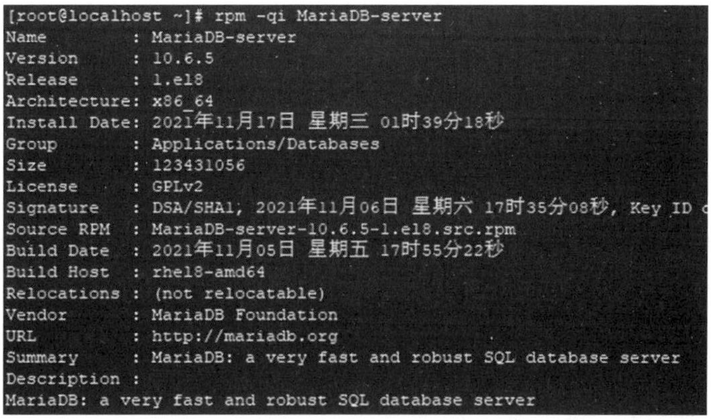

图 1.16 查看安装 MariaDB

输入下面命令：

```
# systemctl status mariadb
```

查看运行状态，结果如图 1.17 所示。

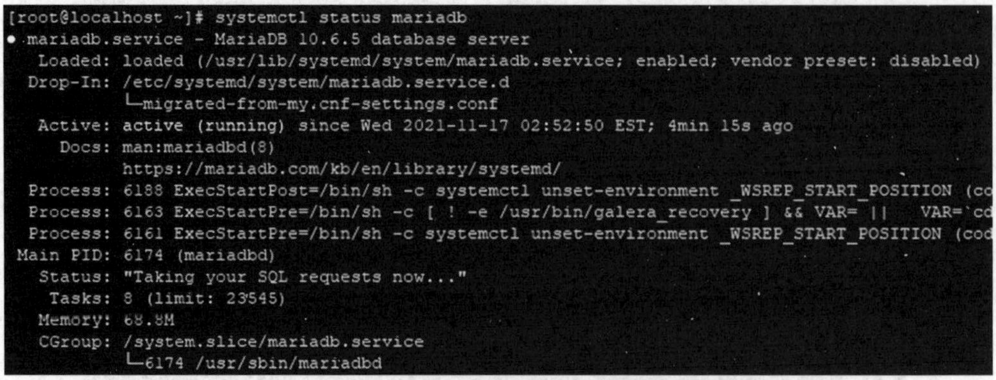

```
[root@localhost ~]# systemctl status mariadb
● mariadb.service - MariaDB 10.6.5 database server
   Loaded: loaded (/usr/lib/systemd/system/mariadb.service; enabled; vendor preset: disabled)
  Drop-In: /etc/systemd/system/mariadb.service.d
           └─migrated-from-my.cnf-settings.conf
   Active: active (running) since Wed 2021-11-17 02:52:50 EST; 4min 15s ago
     Docs: man:mariadbd(8)
           https://mariadb.com/kb/en/library/systemd/
  Process: 6188 ExecStartPost=/bin/sh -c systemctl unset-environment _WSREP_START_POSITION (co
  Process: 6163 ExecStartPre=/bin/sh -c [ ! -e /usr/bin/galera_recovery ] && VAR= ||   VAR=`cd
  Process: 6161 ExecStartPre=/bin/sh -c systemctl unset-environment _WSREP_START_POSITION (cod
 Main PID: 6174 (mariadbd)
   Status: "Taking your SQL requests now..."
    Tasks: 8 (limit: 23545)
   Memory: 68.8M
   CGroup: /system.slice/mariadb.service
           └─6174 /usr/sbin/mariadbd
```

图 1.17　查看运行状态

至此，完成 MariaDB 在 CentOS 8 上的安装。在命令行提示符下输入以下命令：

```
# mysql
```

运行以上命令后，将进入 MariaDB 命令行提示符，如图 1.18 所示。

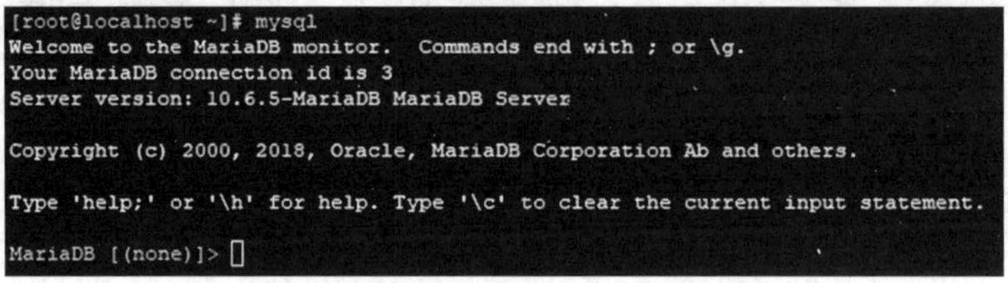

```
[root@localhost ~]# mysql
Welcome to the MariaDB monitor.  Commands end with ; or \g.
Your MariaDB connection id is 3
Server version: 10.6.5-MariaDB MariaDB Server

Copyright (c) 2000, 2018, Oracle, MariaDB Corporation Ab and others.

Type 'help;' or '\h' for help. Type '\c' to clear the current input statement.

MariaDB [(none)]>
```

图 1.18　进入 MariaDB 命令行提示符

由图 1.18 可知，当前安装的 MariaDB 版本为 10.6.5。

退出 MariaDB 提示符，接着在 CentOS 的命令行提示符下，输入以下命令用于设置 root 密码等初始化操作：

```
# mariadb-secure-installation
```

将出现问答向导，完成设置，简单摘要如下：

Enter current password for root (enter for none)：

(输入当前密码，如果初次安装，可以忽略)

Switch to unix_socket authentication [Y/n]

(是否切换到 UNIX 套接字身份验证，一般选择 n)

Change the root password? [Y/n]

(改变 root 密码？初次安装时，root 密码为空，如果选择 Y，则将出现下面的提示，选择 N，则不会出现输入新密码提示)

New password：

(输入新密码)

Re-enter new password：

（再次输入新密码）

Remove anonymous users?［Y/n］

（是否移除匿名访问，一般选择 Y，即不允许匿名访问数据库，特别是在生产中的数据库）

Disallow root login remotely?［Y/n］

（是否禁止 root 用户远程访问，根据用户习惯而定）

Remove test database and access to it?［Y/n］

（是否移除 test 数据库，该数据库用于测试，根据用户习惯而定）

Reload privilege tables now?［Y/n］

（是否重新加载权限表，上面设置完成后，一般选择 Y）

回答完以上问题后，MariaDB 设置完成，如图 1.19 所示。

```
[root@localhost ~]# mariadb-secure-installation
NOTE: RUNNING ALL PARTS OF THIS SCRIPT IS RECOMMENDED FOR ALL MariaDB
      SERVERS IN PRODUCTION USE!  PLEASE READ EACH STEP CAREFULLY!

In order to log into MariaDB to secure it, we'll need the current
password for the root user. If you've just installed MariaDB, and
haven't set the root password yet, you should just press enter here.

Enter current password for root (enter for none):
OK, successfully used password, moving on...

Setting the root password or using the unix_socket ensures that nobody
can log into the MariaDB root user without the proper authorisation.

You already have your root account protected, so you can safely answer 'n'.

Switch to unix_socket authentication [Y/n] n
 ... skipping.

You already have your root account protected, so you can safely answer 'n'.

Change the root password? [Y/n] n
 ... skipping.

By default, a MariaDB installation has an anonymous user, allowing anyone
to log into MariaDB without having to have a user account created for
them.  This is intended only for testing, and to make the installation
go a bit smoother.  You should remove them before moving into a
production environment.

Remove anonymous users? [Y/n] y
 ... Success!

Normally, root should only be allowed to connect from 'localhost'.  This
ensures that someone cannot guess at the root password from the network.

Disallow root login remotely? [Y/n] n
 ... skipping.

By default, MariaDB comes with a database named 'test' that anyone can
access.  This is also intended only for testing, and should be removed
before moving into a production environment.

Remove test database and access to it? [Y/n] n
 ... skipping.

Reloading the privilege tables will ensure that all changes made so far
will take effect immediately.

Reload privilege tables now? [Y/n] y
 ... Success!

Cleaning up...

All done!  If you've completed all of the above steps, your MariaDB
installation should now be secure.

Thanks for using MariaDB!
```

图 1.19　命令 mariadb-secure-installation 用于安全设置

1.3.3 在 Ubuntu 下安装 MariaDB

Ubuntu 是一个以桌面应用为主的 Linux 操作系统，其基于 Debian 发行版，由于该系统易用且友好，为广大开发人员所喜爱。它分为桌面版和服务器版。Ubuntu 发展也很快，截至本书编写时，稳定版本已到 21.10。下面以在该版本下安装 MariaDB 为例进行介绍。

在 Ubuntu 的命令提示符下，输入下面的命令更新本系统：

```
# apt update
# apt upgrade - y
```

运行以上命令后，结果如图 1.20 所示。

```
root@kitty:~# apt update
Hit:1 http://security.ubuntu.com/ubuntu impish-security InRelease
Hit:2 http://cn.archive.ubuntu.com/ubuntu impish InRelease
Hit:3 http://cn.archive.ubuntu.com/ubuntu impish-updates InRelease
Hit:4 http://cn.archive.ubuntu.com/ubuntu impish-backports InRelease
Reading package lists... Done
Building dependency tree... Done
Reading state information... Done
51 packages can be upgraded. Run 'apt list --upgradable' to see them.
root@kitty:~# apt upgrade -y
Reading package lists... Done
Building dependency tree... Done
Reading state information... Done
Calculating upgrade... Done
The following packages will be upgraded:
  accountsservice alsa-ucm-conf apport apport-gtk bind9-dnsutils bind9-host bind9-li
  libaccountsservice0 libasound2 libasound2-data libatopology2 libblkid1 libcaca0 li
  linux-firmware mount python3-apport python3-ldb python3-problem-report python3-sof
  update-manager-core usrmerge util-linux uuid-runtime xxd
51 upgraded, 0 newly installed, 0 to remove and 0 not upgraded.
23 standard security updates
Need to get 221 MB/234 MB of archives.
```

图 1.20　更新 Ubuntu 系统

由图 1.20 可知，系统将进行更新操作。

更新系统完成后，接着，输入以下命令，安装必要的软件，如果已经安装，则会自动忽略：

```
# apt install software - properties - common - y
```

运行以上命令后，结果如图 1.21 所示。

```
root@kitty:~# apt install software-properties-common -y
Reading package lists... Done
Building dependency tree... Done
Reading state information... Done
software-properties-common is already the newest version (0.99.13.1).
software-properties-common set to manually installed.
0 upgraded, 0 newly installed, 0 to remove and 0 not upgraded.
```

图 1.21　安装 software-properties-common

接着，输入以下命令添加 Repository Key 到系统，以及添加 apt 存储库：

```
# apt - key adv -- recv - keys -- keyserver hkp://keyserver.ubuntu.com:80 0xF1656F24C74CD1D8
# add - apt - repository " deb [ arch = amd64, arm64, ppc64el ] http://mariadb.mirror.liquidtelecom.com/repo/10.6/ubuntu $(lsb_release - cs) main"
```

运行以上命令后，结果如图 1.22 所示。

运行下面命令更新系统，以及安装 MariaDB Server 和 Client：

```
# apt - get update
```

图 1.22 添加 apt 存储库

```
# apt-get install mariadb-server mariadb-client
```

安装过程视网速快慢而有所不同。安装完成后,输入以下命令测试登录:

```
# mysql
```

运行以上命令后,结果如图 1.23 所示。

图 1.23 进入 MariaDB 命令行提示符

由图 1.23 可知,安装 MariaDB 的版本是 10.6.5。

至此,完成 MariaDB 在 Ubuntu 21.10 中的安装。

1.4 连接管理工具

工欲善其事,必先利其器。一款好的管理工具可以帮助开发人员加快 MariaDB 的学习进程,同时,利于后期数据库的维护。下面介绍几款常用的管理工具。

1.4.1 命令模式

最直接的连接管理工具是采用命令行提示符形式,这种形式各种操作系统都支持。比如,在 Windows 下,安装完 MariaDB 数据库后,在"命令提示符"下输入以下命令:

```
mysql -uroot -p
```

接着,按提示输入密码,即可进入 MariaDB 命令提示符界面,如图 1.24 所示。

图 1.24 MariaDB 命令行提示符

提示：以上输入命令需要进入 MariaDB 安装目录下的 bin 目录运行，如果希望直接在命令行提示符下输入 mysql 命令，而不是每次都进入该 bin 目录运行，则需要将该 bin 目录所在路径加入环境变量中，如图 1.25 所示。

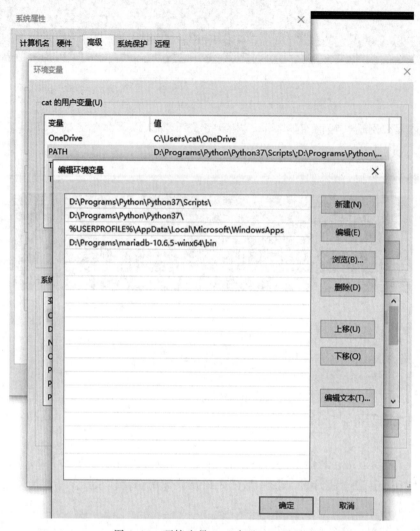

图 1.25　环境变量 Path 加入 bin 目录

图 1.25 所示为 Windows 环境变量 Path 的编辑，在其后加入 MariaDB 中 bin 路径：

D:\Programs\mariadb-10.6.5-winx64\bin

具体方法是，在计算机桌面右击，选择快捷菜单中的"属性"选项，在打开的"系统"界面左侧单击"高级系统设置"，打开"系统属性"窗口，选择"高级"选项卡，再单击"环境变量"按钮，打开"环境变量"对话框，双击用户变量列表中 PATH 选项，即可编辑 PATH 变量值。

以上操作完成后，再重新打开"命令行提示符"，就能直接运行 mysql 等命令。尽管直接在命令行中连接并操作 MariaDB 数据库显得不直观，但是可以运行所有命令，包括远程连接数据库等操作。mysql 命令提供的参数非常丰富，通过在"命令提示符"下输入以下命令查看其所有参数：

```
mysql -- help
```

比如,下面命令连接至192.168.3.8服务器,端口号为308,用户名为root,运行命令后,将提示输入密码:

```
mysql -h192.168.3.8 -uroot -p -P308
```

以上命令连接方式适合于没有管理工具时快速连接管理MariaDB数据库。

1.4.2 PHPMyAdmin

PHPMyAdmin是一款非常好用的数据库管理软件,它是基于PHP开发且基于B/S模式的客户端软件,即不需要在客户端计算机安装任何工具或软件,只需通过Web浏览器就可对数据库进行操作,如创建、复制和删除数据等。PHPMyAdmin的官网如下:

https://www.phpmyadmin.net/

在其官网可下载最新版本,下载后需在服务器上配置PHP的开发环境,将其解压到PHP运行Apache环境中,并修改配置文件config.default.php和连接参数,示例如下:

```
$cfg['Servers'][$i]['host'] = 'localhost';      //填写MariaDB数据库所在位置
$cfg['Servers'][$i]['port'] = '';               //填写MariaDB允许端口号
$cfg['Servers'][$i]['user'] = 'root';           //填写MariaDB访问用户,默认为root
$cfg['Servers'][$i]['password'] = '';           //填写user对应的密码
```

至此,保存配置文件,可在浏览器中访问PHPMyAdmin所在地址,出现图1.26所示登录界面。

图1.26 PHPMyAdmin登录界面

输入登录用户名和密码后,即可访问主界面,如图1.27所示。

由图1.27可见,左边列表显示当前数据库中所有数据,右边主界面显示快捷菜单以及单击左侧数据库后可做的所有操作,在此不再一一介绍。PHPMyAdmin应用范围比较广,且一直在更新,更为主要的是该软件开源并免费。

图 1.27　PHPMyAdmin 主界面

1.4.3　HeidiSQL

如果 MariaDB 是采用 MSI 进行安装，默认会自动下载这款可视化操作软件；当然也可单独下载并安装，其官网地址是：

https://www.heidisql.com/

在这里，可以下载最新版本。HeidiSQL 的特点是界面直观、设计合理、操作方便、功能实用，无论是数据库管理员还是普通使用人员，都很容易上手。最关键的是，该款软件开源并一直在更新，任何人都可免费获取并使用。首次启动该软件时，提示需要建立新的会话，或导入配置文件方可使用，如图 1.28 所示。

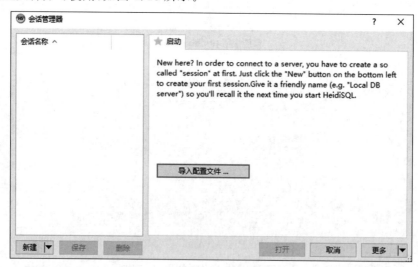

图 1.28　新建会话

单击"新建"按钮，可创建新的连接，如图 1.29 所示。

更改会话名称，输入 MariaDB 所在服务器的主机名或 IP、用户、创建的对应密码和访问端口等内容后，即可进入数据库管理主界面，如图 1.30 所示。

图 1.29　新建连接

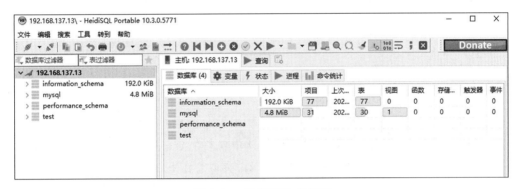

图 1.30　HeidiSQL 主界面

使用 HeidiSQL，除了可以实现一般性操作数据库外，还可实时监控数据库运行时的参数设置和性能等。这是一款优秀的免费数据库管理工具。

1.4.4　Navicat

Navicat 是面向多数据库管理的 IDE 工具，其界面简洁、操作方便、受众面广、版本更新快，提供一个统一操作界面，不同版本可支持对多种关系数据库、非关系数据库等的管理。但该款软件是收费的，仅提供 30 天试用期。官网地址是：

https://www.navicat.com/

可在该网站下载最新版本进行试用，下载该款软件安装后的界面如图 1.31 所示。

单击"连接"按钮，可看到其可连接的数据库以及集成的云数据库连接方式，在该下拉列表中，单击 MariaDB 选项，然后填写连接参数，可连接至 MariaDB 数据库进行管理操作。具体操作在此不作详述。

由于它是一款收费软件，所以提供的功能更多、易用性方面更好一些。

以上介绍了几款常用连接 MariaDB 管理工具，它们各具特色，除了以上介绍的工具外，

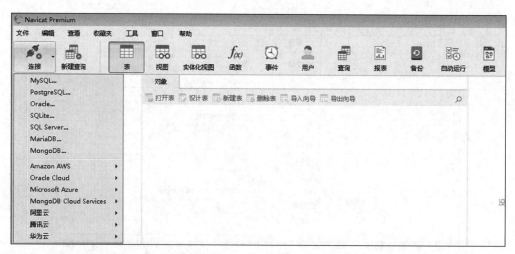

图 1.31　Navicat Premium 主界面

还有很多可用 IDE 工具来连接和管理 MariaDB 数据库。读者可在具体实践中找到一款适合自己的管理工具。

本章小结

本章属于本书的基础部分，主要介绍关系数据库基础知识、MariaDB 概述和 MariaDB 在多种操作系统中的安装和初始化方法，尽管只介绍了在 Windows、CentOS 和 Ubuntu 操作下的安装，实际上在其他操作系统中的安装与此类似。在下面的各章节中，关于 MariaDB 的操作和演示将主要在 Windows 中进行，其他操作系统下的操作方法完全相同，除非有单独说明。最后介绍了管理 MariaDB 数据库的工具，由于读者的广泛性，还介绍几款当前业界有代表性的管理工具，在这里不对它们的性能和操作习惯进行比较，需要读者进行深入体验、学习和掌握。

第2章 用户管理

在一个系统中,用户管理、权限管理是重要组成部分。本章介绍 MariaDB 中的用户管理,涉及用户的创建和删除、权限赋予和撤销以及角色的管理等操作。

2.1 用户管理概述

在初次接触 MariaDB 数据库时,使用 root 用户操作数据库,具有极大方便性,不需要做任何额外操作,就能对整个数据库进行管理操作。这是由于 MariaDB 数据库默认将访问所有数据库和数据表权限都赋予了 root 用户,所以,在使用 root 用户管理数据库时,一切都显得很方便。

为什么又需要用户管理呢?一是在互联网上使用 root 用户远程连接 MariaDB 数据库始终不安全,有可能被恶意用户在线窃取到 root 用户和密码,MariaDB 数据库就会被恶意用户完全访问,造成重大的损失;二是给普通用户只分配某一个数据库或特定表的操作权限,可提高 MariaDB 数据库的利用性,以及保障整个数据库系统的安全性。

初次进入时,如果允许匿名访问,或者在登录系统时,采用的是 root 用户登录,则可直接登录。使用下面的命令登录:

```
mysql
```

运行以上命令后,结果如图 2.1 所示。

图 2.1 直接登录

这是在 Ubuntu 系统中以 root 用户登录系统,直接采用 mysql 命令访问 MariaDB 数据库。更多的情况是需要登录,命令如下:

```
mysql -uroot -p
```

以上命令是登录 MariaDB 的一般命令,也可采用下面的命令方式登录:

```
mariadb -uroot -p
```

以上命令为高版本的 MariaDB 提供了 mariadb 链接。这两个命令运行后,都可登录系统。其中参数介绍如下。

① -u:表示登录用户名,后面直接写用户名。

② -p:表示登录密码,后面可直接写密码,或不写,按回车键后将提示输入密码,这是一种良好习惯。特别是在 Linux 类系统中,输入的命令都会被记录,很容易被其他无关人员获得登录密码。

运行以上命令后,结果如图 2.2 所示。

这是在 Windows 系统中登录的方式,当提示输入密码时,应输入正确的密码,然后按回车键,进入 MariaDB 的命令行模式,如图 2.3 所示。

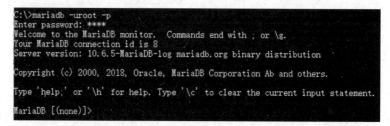

图 2.2 登录 MariaDB   图 2.3 进入 MariaDB 的命令行模式

其他操作系统的命令行模式进入 MairaDB 数据库与此类似。下面各章节的 SQL 命令都将在命令行模式下运行,同时,一般以根用户 root 运行,除非有特殊说明。

2.2 用户管理命令

2.2.1 创建用户

下面是创建用户的简单句法:

```
CREATE USER
    user_name[@'host'] IDENTIFIED BY [ PASSWORD ] 'password_value';
```

上面句法的详细描述如下。

① CREATE USER:创建用户关键字。

② user_name:创建访问 MariaDB 数据库的新用户。

③ @'host':可选,指定该用户可访问 MariaDB 数据库的来源,可以是 IP 地址、计算机名或用通配符%等,当不填写 host 时,默认为通配符%。

④ IDENTIFIED BY:关键字,后跟该用户对应的密码。

⑤ PASSWORD：可选，关键字，如果带有该关键字，则后面密码部分必须是使用 PASSWORD()函数加密后的字符串。

⑥ password_value：访问密码。

下面是创建用户示例：

CREATE USER 'zioer'@'localhost' IDENTIFIED BY 'pwd';

以上示例创建用户 zioer，访问密码为 pwd，但只能本地进行访问。创建完成后，结果如图 2.4 所示。

```
MariaDB [(none)]> CREATE USER 'zioer'@'localhost' IDENTIFIED BY 'pwd';
Query OK, 0 rows affected (0.175 sec)
```

图 2.4　创建用户示例

下面示例创建用户 zioer2：

CREATE USER 'zioer2'@'%' IDENTIFIED BY 'pwd';

运行以上示例后，创建的用户将允许通过网络中任何主机访问。下面示例创建用户 zioer3：

CREATE USER 'zioer3'@'192.168.3.%' IDENTIFIED BY 'pwd';

运行以上示例后，创建的用户只能通过在网段 192.168.3.% 的主机访问。

下面是在创建用户语句中带有 PASSWORD 关键字的示例：

CREATE USER zioer4@'localhost' IDENTIFIED BY
    PASSWORD '*667F407DE7C6AD07358FA38DAED7828A72014B4E';

以上创建用户语句中，字符串 *667F407DE7C6AD07358FA38DAED7828A72014B4E 是字符 a 加密后的字符串。

在以上创建用户的示例中，每条 CREATE USER 命令只创建了单个用户，然而使用该命令也能同时创建多个用户，各用户之间用逗号","分隔，示例如下：

CREATE USER 'zioer5'@'%' IDENTIFIED BY 'pwd',
    'zioer6'@'%' IDENTIFIED BY 'pwd2';

在以上示例中，CREATE USER 命令同时创建了两个用户，并指定各自密码。

如果在创建用户时用户名为空，则创建的是一个匿名用户。此时，当用户登录时，可不用输入用户名，进行匿名访问，创建匿名用户的示例如下：

CREATE USER ""@'localhost', ""@'192.168.3.8';

以上示例为本地、IP 地址 192.168.3.8 访问服务器创建了匿名用户，密码为空。

提示：在 MariaDB 的 10.4.3 版本及以后，可以在创建用户时提供用户密码过期时间，以及账户是否锁定功能，下面是相关示例：

CREATE USER 'kitty'@'localhost' IDENTIFIED BY 'pwd'
    PASSWORD EXPIRE INTERVAL 2 DAY;

在以上示例中，可选子句 PASSWORD EXPIRE INTERVAL 2 DAY 表示密码将在 2 天后过期。

在下面示例中，可选子句 PASSWORD EXPIRE NEVER 表示密码永不过期：

```
CREATE USER 'kitty'@'localhost' IDENTIFIED BY 'pwd'
    PASSWORD EXPIRE NEVER;
```

在下面示例中,可选子句 ACCOUNT LOCK 表示创建的用户被锁定,不可登录:

```
CREATE USER 'bear'@'localhost' ACCOUNT LOCK;
```

提示:如果在创建用户语句中没有子句 ACCOUNT LOCK 时,默认都是可登录的。

下面语句用于查看创建用户语句:

```
SHOW CREATE USER 'zioer'@'localhost';
```

运行以上语句后,结果如图 2.5 所示。

图 2.5 运行 SHOW CREATE USER 语句

由图 2.5 可知,用户密码部分已经被加密。

提示:要获得加密后的字符串,可使用 PASSWORD()函数,示例如下:

```
SELECT PASSWORD('pwd');
```

在以上 SELECT 语句中,可获得字符串 pwd 加密的后字符串,如图 2.6 所示。

创建完用户后,可使用下面的语句查看 MariaDB 数据库中所有用户:

```
SELECT user,host from mysql.user;
```

运行以上语句后,将列出当前 MariaDB 数据库中所有用户和对应的主机部分,示例如图 2.7 所示。

图 2.6 PASSWORD()函数　　　　图 2.7 查看用户和主机部分

图 2.7 列出了本地所有用户以及能访问的主机。

2.2.2 修改用户

MariaDB 数据库提供修改用户命令,用于修改数据库中已存在的用户,基本句法如下:

```
ALTER USER
    user_specification [,user_specification]
```

上面句法的详细描述如下。

① ALTER USER:关键字,表示编辑用户。

② user_specification：对应一个用户和待修改的内容，可支持在一条语句中同时修改多个用户。

提示：当编辑的用户信息不存在时，会有提示，但不会有任何修改动作。

下面是修改用户信息示例：

```
ALTER USER zioer@'localhost' IDENTIFIED BY 'p';
```

运行以上语句后，将修改用户 zioer@'localhost'的登录密码，结果如图 2.8 所示。

```
MariaDB [(none)]> ALTER USER zioer@'localhost' IDENTIFIED BY 'p';
Query OK, 0 rows affected (0.027 sec)
```

图 2.8　编辑用户信息

同时，可以在修改语句中直接书写加密后的密码。首先，运行以下语句，获得加密后的字符串：

```
SELECT password('p');
```

运行以上语句后，结果如图 2.9 所示。

```
MariaDB [(none)]> SELECT password('p');
+-------------------------------------------+
| password('p')                             |
+-------------------------------------------+
| *7B9EBEED26AA52ED10C0F549FA863F13C39E0209 |
+-------------------------------------------+
1 row in set (0.000 sec)
```

图 2.9　查询字符的加密字符串

接着，使用下面语句修改用户密码：

```
ALTER USER zioer@'localhost' IDENTIFIED BY
   PASSWORD '*7B9EBEED26AA52ED10C0F549FA863F13C39E0209';
```

运行以上语句后，结果如图 2.10 所示。

```
MariaDB [(none)]> ALTER USER zioer@'localhost' IDENTIFIED BY
    -> PASSWORD '*7B9EBEED26AA52ED10C0F549FA863F13C39E0209';
Query OK, 0 rows affected (0.032 sec)
```

图 2.10　更改用户登录密码

如果需要修改当前登录用户密码，可以使用 CURRENT_USER 或 CURRENT_USER()表示当前用户，示例如下：

```
ALTER USER CURRENT_USER IDENTIFIED BY 'p';
```

下面语句用于修改指定用户的过期时间：

```
ALTER USER 'zioer'@'%' PASSWORD EXPIRE INTERVAL 10 DAY;
```

运行以上语句后，将重新指定用户的过期时间为 10 天。下面语句用于指定用户的密码不过期：

```
ALTER USER 'zioer'@'%' PASSWORD EXPIRE NEVER;
```

运行以上语句后，将指定用户重新指定为密码不过期。

下面语句修改指定用户为被锁定状态，即用户不能登录数据库：

```
ALTER USER 'zioer'@'%' ACCOUNT LOCK;
```

下面语句修改指定用户为解锁状态：

```
ALTER USER 'zioer'@'%' ACCOUNT UNLOCK;
```

修改密码的另一种命令形式如下：

```
SET PASSWORD FOR user = PASSWORD('<password>');
```

上面语句的详细描述如下。

① user：被修改密码的用户名。

② <password>：设置的新密码，可为空。

示例如下：

```
SET PASSWORD FOR 'zioer'@'%' = PASSWORD('123456');
```

以上示例中，设置用户'zioer'@'%'的密码为123456。

2.2.3 删除用户

在MariaDB数据库中，删除用户的语句如下：

```
DROP USER user_name [, user_name]
```

上面语句的描述如下。

① DROP USER：关键字，表示删除用户。

② user_name：用户名，可在一条语句中同时删除多个用户，用户之间以逗号分隔。

删除用户的示例如下：

```
DROP USER 'zioer'@'%';
```

提示：如果删除的用户不存在，则会有提示，不会导致错误。如果删除的用户正在连接，则会等待连接用户关闭后再删除；在删除用户时，将同时删除该用户下的所有权限。

2.3 用户权限

2.3.1 权限

前面介绍创建的用户，只能进行登录，而无其他更多权限，即只有连接权限。实际上，MariaDB数据库提供的用户权限非常丰富，表2.1所示为其提供的数据库和表的权限。

表 2.1　MariaDB 提供数据库和表权限

名　　称	描　　述
ALTER	更改索引和表
ALTER ROUTINE	更改或删除过程和存储功能
CREATE	创建数据库和表
CREATE ROUTINE	创建过程和函数
CREATE TEMPORARY TABLES	创建临时表

续表

名 称	描 述
CREATE VIEW	创建视图
DELETE	从表中删除记录
DELETE VERSIONING ROWS	删除版本控制表中历史行
DROP	删除数据库、表和视图
EVENT	从事件计划程序更改、创建和删除事件
EXECUTE	执行存储的功能和过程
INDEX	创建或删除索引
INSERT	可以将新的数据行插入数据表中
LOCK TABLES	锁定和解锁数据表
REFERENCES	在表上引用
SELECT	从表中读取数据
SHOW VIEW	使用 SHOW CREATE VIEW 语句查看
TRIGGER	使用 CREATE TRIGGER 和 DROP TRIGGER 语句
UPDATE	修改表中记录

由表 2.1 可见，MariaDB 提供了丰富的数据库、表、索引、视图处理能力。表 2.2 所示为全局管理用户权限。

表 2.2 全局管理用户权限

名 称	描 述
CREATE TABLESPACE	创建表空间
GRANT OPTION	使用户能够向其他用户授予他们所拥有特权
PROXY	使代理用户成为可能
USAGE	没有权限-仅允许连接
CREATE USER	使用 CREATE USER 语句创建用户
FILE	使用 LOAD DATA INFILE 语句和 LOAD_FILE()函数
PROCESS	使用 SHOW PROCESSLIST 命令
RELOAD	使用重新加载或刷新表、日志和特权
REPLICATION CLIENT	使用 SHOW MASTER STATUS 和 SHOW SLAVE STATUS 命令
REPLICATION SLAVE	从主服务器读取二进制日志事件
SHOW DATABASES	列出服务器上所有数据库
SHUTDOWN	使用 mysqladmin shutdown 命令关闭服务器
SUPER	使用超级用户语句的能力，如使用 KILL 线程、SET GLOBAL 和 CHANGE MASTER
ALL PRIVILEGES	向用户授予所有可用权限的能力，但不授予 GRANT OPTION 特权，可简写为 ALL

本小节通过表 2.1 和表 2.2 介绍了 MariaDB 数据库所提供的权限，尽管理论性较强，但由此可知 MariaDB 数据库提供了足够的权限管理，可以为不同用户需求提供不同的权限。后续小节将介绍如何赋予用户权限。

2.3.2 赋予权限

在 MariaDB 数据库中，下面是给指定用户授予权限的句法：

```
GRANT privileges [(column_list)] [, privileges [(column_list)]]
    ON database TO user [, user]
    [IDENTIFIED BY "< password >"]
    [WITH GRANT OPTION];
```

上面句法的详细描述如下。

① GRANT…ON…TO…：表示授予用户权限的关键字。
② privileges：表示相关权限，可同时授权多个权限，权限之间以逗号","分隔。
③ column_list：表示数据表中的列。
④ database：表示被授权访问的数据库。
⑤ user：表示被授权的用户，可同时赋予多个用户，用户之间以逗号","分隔。
⑥ IDENTIFIED BY：关键字，可选，表示同时设置密码。
⑦ WITH GRANT OPTION：关键字，可选，表示具有授权给其他用户的权限。

下面是一个赋予用户权限的示例：

```
GRANT ALL ON *.* TO 'zioer'@'localhost' WITH GRANT OPTION;
```

运行以上语句后，结果如图 2.11 所示。

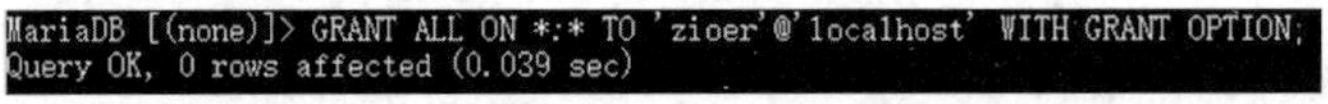

```
MariaDB [(none)]> GRANT ALL ON *.* TO 'zioer'@'localhost' WITH GRANT OPTION;
Query OK, 0 rows affected (0.039 sec)
```

图 2.11 赋予用户权限示例

以上示例中，将访问所有数据库的权限赋予用户'zioer'@'localhost'，并且该用户同时具有向其他用户授予他们所拥有权限的能力。

提示：使用以上 GRANT 语句时，*.* 表示所有数据库中的所有数据表，这是一种简单的通用写法。但一般不建议如此写法，如此授权后，则该用户具有的权限太大。建议可指定用户到某一个数据库的所有数据表，如 db1.*，表示数据库 db1 中的所有数据表。*.* 的表示方法是点运算，即数据库名.表名。

在使用该命令时，如果指定的用户已经存在，则直接授予其相关权限；如果该用户不存在，则会提示错误，示例如图 2.12 所示。

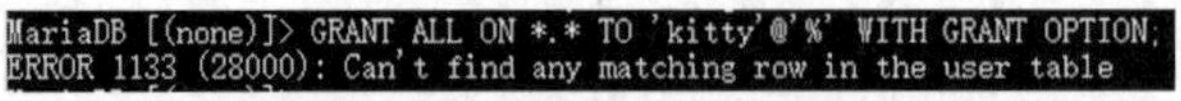

```
MariaDB [(none)]> GRANT ALL ON *.* TO 'kitty'@'%' WITH GRANT OPTION;
ERROR 1133 (28000): Can't find any matching row in the user table
```

图 2.12 赋予权限的用户不存在情况

由于没有创建用户'kitty'@'%'，运行 GRANT 命令后，将提示用户不存在错误。

但在实际使用环境中，一般不会采用上面这种简单的方式，赋予所有权限给一个用户。下面假设 MariaDB 数据库中创建了一个数据库 school，现将该数据库中所有数据表的查询、增加、修改和删除数据表的权限赋予给用户'zioer'@'localhost'，语句如下：

```
GRANT SELECT,INSERT,UPDATE,DELETE ON school.* TO 'zioer'@'localhost';
```

运行以上命令后，结果如图 2.13 所示。

```
MariaDB [(none)]> GRANT SELECT, INSERT, UPDATE, DELETE ON school.* TO 'zioer'@'localhost';
Query OK, 0 rows affected (0.028 sec)
```

图 2.13 赋予多个权限给指定用户

由以上代码可知,在 GRANT 命令中,可同时赋予多个权限,权限间以逗号","分隔,school.* 表示数据库 school 中的所有数据表,由此实现了较精确的权限分配。

在下面的示例中,假设在数据库 school 中已经存在数据表 student,运行以下语句,可以将指定数据表中列的查询权限授权给指定用户:

GRANT SELECT(id,name) ON school.student TO 'zioer'@'192.168.3.%' WITH GRANT OPTION;

在以上示例中,将数据库 school 的数据表 student 中列 id、name 的查询权限赋予用户 'zioer'@'192.168.3.%',同时,将授权权限赋给该用户。

提示:采用这种方式授权时,需要数据表和相关的列存在。

GRANT 语句同时可以授权给多个用户,在下面示例中,将权限同时赋予多个用户:

GRANT ALL ON *.* TO 'zioer'@'%','zioer2'@'%';

以上命令中,将全部权限赋予用户'zioer'@'%'和'zioer2'@'%'。

提示:采用这种方式授权给多用户时,被授予权限的所有用户必须是存在的,如果不存在,则会提示错误。

采用 GRANT 语句时,如果用户不存在,可使用子句 IDENTIFIED BY "< password >" 同时创建该用户,示例如下:

GRANT ALL ON *.* TO 'kitty'@'%' IDENTIFIED BY '123456';

运行以上语句后,结果如图 2.14 所示。

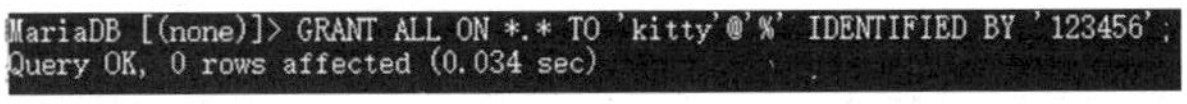

```
MariaDB [(none)]> GRANT ALL ON *.* TO 'kitty'@'%' IDENTIFIED BY '123456';
Query OK, 0 rows affected (0.034 sec)
```

图 2.14 赋予权限给不存在用户

由图 2.14 可知,尽管用户'kitty'@'%'在 MariaDB 数据库中不存在,但 GRANT 命令创建了该用户,指定了登录密码,同时赋予全部权限给该用户。

以上介绍了赋予用户权限 GRANT 语句,通过该语句可以灵活地将不同权限授予指定用户,同时,通过该语句也可以创建新用户,但必须指定登录密码。由此可知,创建用户有两种方法。

2.3.3 查看权限

在 MariaDB 数据库中,查看用户权限的语句如下:

SHOW GRANTS for user;

上面语句的详细描述如下。

① SHOW GRANTS for:查看权限关键字。

② user:待查看权限的用户。

下面是查看用户权限的示例:

SHOW GRANTS for 'zioer'@'localhost';

运行以上语句后,结果如图 2.15 所示。

图 2.15　查看用户权限一

用户 'zioer'@'localhost' 权限有两条,一是全部权限;二是对数据库 school 中所有数据表的 SELECT、INSERT、UPDATE、DELETE 的操作权限。

下面语句是查看用户 'kitty'@'%' 的权限:

SHOW GRANTS for 'kitty'@'%';

运行以上语句后,结果如图 2.16 所示。

图 2.16　查看用户权限二

用户 'kitty'@'%' 具有数据库全部操作权限。

使用下面语句创建一个用户:

CREATE USER bear;

运行以上语句后,使用下面命令查看该用户具有的权限:

SHOW GRANTS for bear;

图 2.17　查看用户权限

运行以上语句后,结果如图 2.17 所示。

由图 2.17 可知,新创建用户只具有基本权限 USAGE,其权限最小。即只具有登录、查看数据库 information_schema 中部分数据表或操作数据库 test 的权限。

在安装 MariaDB 数据库时,如果安装了 test 数据库,则默认所有用户都可以操作 test 数据库和以 test_开头的所有数据库。可以通过数据库 mysql 中的数据表 db 查看相关权限,运行以下语句:

SELECT * from mysql.db;

运行以上命令后,结果如图 2.18 所示。

Host	Db	User	Select_priv	Insert_priv	Update_priv	Delete_priv	Create_priv
%	test		Y	Y	Y	Y	Y
%	test_%		Y	Y	Y	Y	Y

图 2.18　mysql.db 数据表

由图 2.18 所示的两条记录中知,User 列的值为空,表示匹配任意用户;Db 列中,test 表示 test 数据表,test_% 表示以 test 开头的所有数据表;同时,Select_priv、Insert_priv、Update_priv、Delete_priv 等列的值都为 Y。由此,解释为什么刚创建的用户具有 test 数据库和以 test_ 开头的所有数据表的所有权限。

下面语句是查看根用户 root 所具有的权限：

SHOW GRANTS for root@localhost;

运行完成后，结果如图 2.19 所示。

图 2.19 用户 root 权限

由图 2.19 可知，用户 root@localhost 具有 ALL PRIVILEGES 权限，同时还具有 GRANT OPTION 权限，即用户 root 具有数据库管理的所有权限，同时具有将权限授予其他用户的权限。

如果需要查看当前登录用户所具有的权限，运行下面命令：

SHOW GRANTS;

比如，以用户 bear 登录 MariaDB 数据库，运行以上命令后，结果显示如图 2.20 所示。

由图 2.20 可知，当前登录用户 bear 只具有 USAGE 权限。

图 2.20 查看当前登录用户权限

2.3.4 撤销权限

将权限赋予某用户后，则存在将其权限收回的可能，或者叫撤销权限。撤销权限的句法如下：

```
REVOKE privileges [(column_list)] [, privileges [(column_list)]] ...
    ON database FROM user [, user] ...
```

上面句法的详细描述如下。

① REVOKE...ON...FROM...：关键字，表示撤销用户的权限。

② privileges：表示待收回的权限，可以有多个，权限之间以逗号分隔。

③ column_list：可选，表示数据表中的列。

④ database：表示数据库。

⑤ user：表示用户，可以是多个用户，用户之间以逗号分隔。

下面是撤销用户权限的示例：

REVOKE ALL on *.* FROM 'zioer'@'localhost';

运行以上命令后，结果如图 2.21 所示。

图 2.21 撤销权限示例

由图 2.21 可知，撤销了用户'zioer'@'localhost'的所有权限。

撤销权限的语句比较简单，如果多次运行以上语句，不会提示错误。撤销完成后，可以通过命令 SHOW GRANTS 查看该用户的权限：

```
SHOW GRANTS for 'zioer'@'localhost';
```

运行以上命令后，结果如图 2.22 所示。

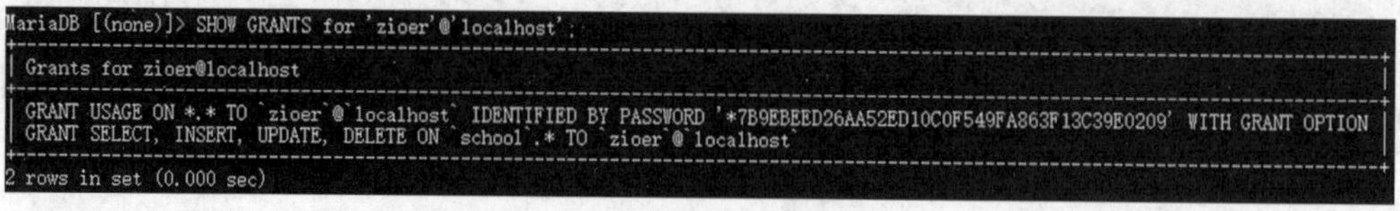

```
MariaDB [(none)]> SHOW GRANTS for 'zioer'@'localhost';
+------------------------------------------------------------------------------------------------------------------+
| Grants for zioer@localhost                                                                                       |
+------------------------------------------------------------------------------------------------------------------+
| GRANT USAGE ON *.* TO `zioer`@`localhost` IDENTIFIED BY PASSWORD '*7B9EBEED26AA52ED10C0F549FA863F13C39E0209' WITH GRANT OPTION |
| GRANT SELECT, INSERT, UPDATE, DELETE ON `school`.* TO `zioer`@`localhost`                                       |
+------------------------------------------------------------------------------------------------------------------+
2 rows in set (0.000 sec)
```

图 2.22　撤销权限之后的权限

由图 2.22 可知，运行撤销用户权限命令后，再次查询该用户所具有的权限时，则该用户只具有连接权限和数据库 school 中相关的权限。

下面是撤销指定用户具体数据表上权限的示例：

```
REVOKE SELECT(id) ON school.student FROM 'zioer'@'192.168.3.%';
```

同时，可以通过一条命令撤销指定用户所有的权限。当要撤销一个用户所拥有的多个权限时，会很有帮助。示例如下：

```
REVOKE ALL PRIVILEGES, GRANT OPTION FROM 'zioer'@'localhost';
```

运行结束后，再次查看权限命令：

```
SHOW GRANTS for 'zioer'@'localhost';
```

运行以上命令后，结果如图 2.23 所示。

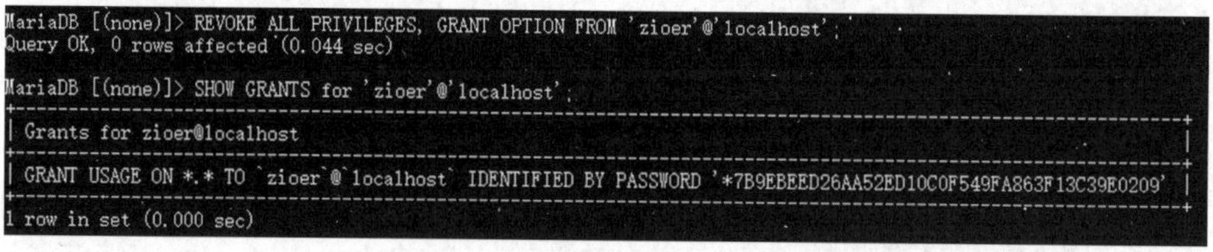

```
MariaDB [(none)]> REVOKE ALL PRIVILEGES, GRANT OPTION FROM 'zioer'@'localhost';
Query OK, 0 rows affected (0.044 sec)

MariaDB [(none)]> SHOW GRANTS for 'zioer'@'localhost';
+----------------------------------------------------------------------------------------------+
| Grants for zioer@localhost                                                                   |
+----------------------------------------------------------------------------------------------+
| GRANT USAGE ON *.* TO `zioer`@`localhost` IDENTIFIED BY PASSWORD '*7B9EBEED26AA52ED10C0F549FA863F13C39E0209' |
+----------------------------------------------------------------------------------------------+
1 row in set (0.000 sec)
```

图 2.23　撤销指定用户的所有权限

由图 2.23 可知，运行撤销所有权限命令后，用户'zioer'@'localhost'只具有 USAGE 权限了。

2.4　角色管理

MariaDB 从 10.0.5 版本开始支持角色(Role)管理，角色即将多个权限组织到一起，便于分配给具有相同权限的用户。在一个大型数据库管理系统中，角色具有重要作用，如果用户很多，逐个给每位用户重复分配相同权限，十分烦琐，而且容易出错，如果将这些权限组织到角色中，给用户只分配角色，就显得很轻松了，后期对角色权限的调整，具有相同角色的用户权限将随之发生改变，更加便于后期对用户权限的管理。

2.4.1 创建角色

在 MariaDB 中,创建角色的一般语句如下:

```
CREATE [OR REPLACE] ROLE [IF NOT EXISTS] role
```

上面语句的详细描述如下。

① CREATE...ROLE...:创建角色的关键字。

② OR REPLACE:可选,表示如果存在,是否进行替换。

③ IF NOT EXISTS:可选,表示如果不存在,则创建;否则只给出警告,不能与 OR REPLACE 子句一起使用;

④ role:待创建的角色名称。

下面是创建角色的示例:

```
CREATE ROLE role_1;
```

以上语句运行后,将创建一个新的角色 role_1,显示如图 2.24 所示。

创建角色完成后,可以将角色赋给用户,将角色赋给用户的一般语句如下:

```
GRANT role TO user;
```

上面语句的详细描述如下。

① GRANT...TO...:将角色赋给用户的关键字。

② role:角色,目前,只支持将一个角色赋给一个用户。

③ user:用户名,可以有多个用户,用户之间以逗号分隔。

下面是将角色赋给用户的示例:

```
GRANT role_1 TO 'zioer'@'localhost';
```

运行以上语句后,将角色 role_1 赋给用户'zioer'@'localhost',如图 2.25 所示。

图 2.24 创建角色 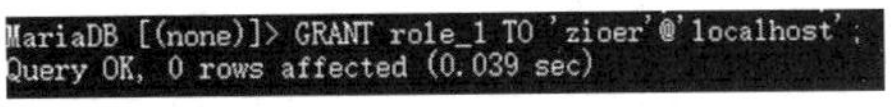   图 2.25 将角色赋予指定用户

但现在角色 role_1 还没有任何权限。下面是给角色赋予权限,一般语句如下:

```
GRANT privileges
    ON database TO role
```

上面语句的详细描述如下。

① GRANT...ON...TO...:给角色赋予权限的关键字。

② privileges:权限,可以有多个,权限之间以逗号分隔。

③ database:表示被授权访问的数据库。

④ role:表示角色。

下面是将权限赋给角色的示例:

```
GRANT SHOW DATABASES ON *.*
    TO role_1;
```

在上面示例中,将查看该数据库的权限赋给角色 role_1,如图 2.26 所示。

执行完以上语句后,打开一个新的"命令提示符"窗口,以用户 zioer 登录 MariaDB 数据库,然后使用下面语句查看用户 zioer 当前角色:

SELECT current_role();

执行后,发现角色为空,如图 2.27 所示。

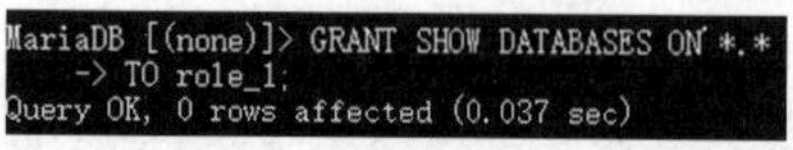

图 2.26 赋予权限给角色 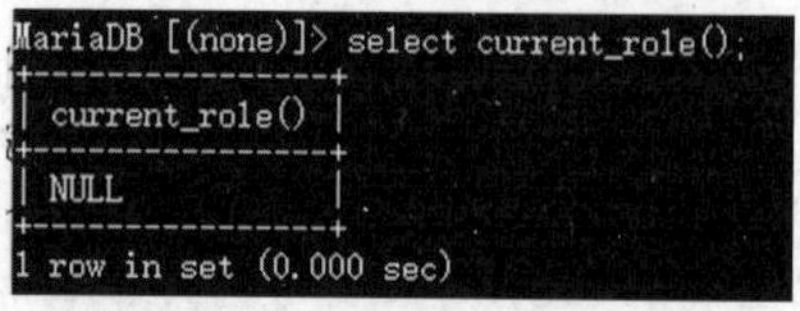　　图 2.27 查看当前用户的角色

这是由于角色还没有马上生效,需要在用户 zioer 下执行以下语句:

SET ROLE role_1;

以及

SET DEFAULT ROLE role_1;

执行完成以上两条语句后,角色 role_1 生效,并且该用户下次登录后,将直接拥有角色 role_1,而无需重新执行上面两条命令。这一点非常重要;否则角色不生效。

2.4.2　追加权限

创建完成角色后,角色权限可根据需要继续追加或删除权限。

追加权限的命令如下:

GRANT privileges
    ON database TO role

追加权限命令在前面已经介绍过,此处不再赘述。

假设已经有数据库 db1,下面是将查询数据库 db1 中数据表的权限赋给 role_1:

GRANT SELECT ON db1.* TO role_1;

运行以上命令后,结果如图 2.28 所示。

接着,运行下面命令,查看角色 role_1 已经拥有的权限:

SHOW GRANTS FOR role_1;

运行以上命令后,结果如图 2.29 所示。

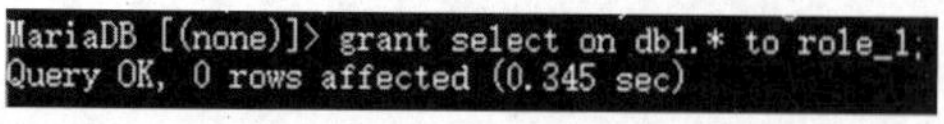

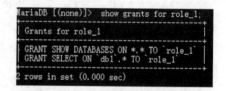

图 2.28 赋予 SELECT 权限给角色 role_1　　图 2.29 查看角色拥有的权限

由图 2.29 可知,角色 role_1 已经拥有两个权限,此时,采用用户 zioer 登录后,将能查询数据库 db1 中的数据表,但不能对其中数据表进行其他操作。

2.4.3 删除权限

当角色中的权限不再需要时,可以将该权限删除。

删除权限的一般语句如下:

```
REVOKE privileges [(column_list)] [, privileges [(column_list)]] …
    ON database FROM role[, role] …
```

上面语句的详细描述如下。

① REVOKE…ON…FROM…:关键字,表示删除角色中的权限。
② privileges:表示待收回的权限,可以有多个,权限之间以逗号分隔。
③ column_list:可选,表示数据表中的列。
④ database:表示数据库。
⑤ role:表示用户,可以是多个角色,角色之间以逗号分隔。

下面是删除角色中权限的示例:

```
REVOKE SELECT ON db1.* FROM role_1;
```

以上命令执行后,结果如图 2.30 所示。

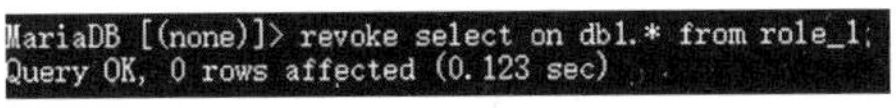

```
MariaDB [(none)]> revoke select on db1.* from role_1;
Query OK, 0 rows affected (0.123 sec)
```

图 2.30　删除角色中权限

由图 2.30 可知,删除完成后,该角色不再拥有查询数据库 db1 中数据表的权限。再次以用户 zioer 登录,其不能再访问数据库 db1,表示该用户不再有该权限。

2.4.4 删除角色

当不再需要角色时,可删除角色,删除角色的一般语句如下:

```
DROP ROLE role_name
```

上面语句的详细描述如下。

① DROP ROLE:删除角色的关键字。
② role_name:待删除的角色名称。

下面是删除角色示例:

```
DROP ROLE role_1;
```

以上语句运行后,结果如图 2.31 所示。

```
MariaDB [(none)]> DROP ROLE role_1;
Query OK, 0 rows affected (0.120 sec)
```

图 2.31　删除角色

由图 2.31 可知,删除角色将无提示。如果正确删除角色后,则拥有该角色的用户也将不再拥有该角色以及该角色中的所有权限。

本章小结

本章介绍 MariaDB 数据库中比较重要的部分,即用户管理、权限管理及角色管理。包括用户的创建、修改和删除操作,以及 MariaDB 数据库中用户权限的介绍、用户权限的授予、撤销操作。在 MariaDB 数据库中,具有多数据库、多用户时,特别是不同用户只能操作特定数据库时,权限管理就显得非常重要,即数据各自管理,而不希望 MariaDB 数据库中其他用户随意查看和操作所有数据;另外,如果 MariaDB 数据库暴露在互联网上,建议远程连接时采用非 root 用户远程连接和操作数据库,以保证数据库的安全。本章内容涉及知识点较多,但都有示例讲解,需要在实践中结合具体场景进行练习和掌握。

第3章 数据库操作

在进行数据库操作时,最直接的就是对数据库的创建、使用等操作,本章将介绍在 MariaDB 数据库中如何创建、使用和删除数据库的基本方法。

3.1 创建数据库

在使用 MariaDB 数据库时,首先需要创建数据库,即数据的存放位置,同时,MariaDB 支持创建多个数据库,在每个数据库中再创建多张数据表。下面是创建数据库的基本句法:

CREATE [OR REPLACE] {DATABASE | SCHEMA} [IF NOT EXISTS]db_name

上面句法的详细描述如下。

① CREATE:创建数据库关键字。

② OR REPLACE:可选,表示在创建数据库时,如果待创建的数据库已经存在,将直接覆盖重新建立。提示:如果数据库中已经存在数据表等内容,将全部清空。

③ DATABASE | SCHEMA:二选一,表示创建数据库。

④ IF NOT EXISTS:可选,表示如果不存在待创建的数据库时才进行创建,该关键字和 OR REPLACE 不能同时使用。提示:使用该关键字时,如果待创建的数据库已经存在,不会再创建同名数据库,并且将提示错误。

⑤ db_name:待创建的数据库名称。

创建数据库示例如下:

CREATE SCHEMA db1;

运行以上语句后,结果如图 3.1 所示。

由图 3.1 可知,数据库 db1 创建成功。如果再次执行上面语句创建同名数据库:

图 3.1 创建数据库

CREATE SCHEMA db1;

将提示错误,如图 3.2 所示。

```
MariaDB [(none)]> CREATE SCHEMA db1;
ERROR 1007 (HY000): Can't create database 'db1'; database exists
```

图 3.2　创建同名数据库错误提示

在创建数据库时，加上 IF NOT EXISTS 关键字，示例如下：

CREATE SCHEMA IF NOT EXISTS db1;

运行以上语句后，结果如图 3.3 所示。

```
MariaDB [(none)]> CREATE SCHEMA IF NOT EXISTS db1;
Query OK, 0 rows affected, 1 warning (0.000 sec)
Note (Code 1007): Can't create database 'db1'; database exists
```

图 3.3　错误警告显示

由图 3.3 可知，如果在创建数据库时遇到同名数据库，将给出警告：

Note (Code 1007): Can't create database 'db1'; database exists

数据库 db1 不会再创建。或使用下面语句，可以查看警告信息：

SHOW warnings;

运行以上语句后，结果如图 3.4 所示。

```
MariaDB [(none)]> show warnings;
| Level | Code | Message                                          |
| Note  | 1007 | Can't create database 'db1'; database exists     |
1 row in set (0.000 sec)
```

图 3.4　查看警告信息

在创建数据库时，加上 OR REPLACE 关键字，示例如下：

CREATE OR REPLACE DATABASE db1;

运行以上语句后，结果如图 3.5 所示。

```
MariaDB [(none)]> CREATE OR REPLACE DATABASE db1;
Query OK, 2 rows affected (0.259 sec)
```

图 3.5　创建数据库

由图 3.5 可知，创建数据库成功。即无论数据库 db1 是否存在，该语句执行都将成功。

提示：执行该条语句非常危险，如果已有数据库 db1 中有数据表，将被清空其中的所有内容，再创建一个新的数据库。

以上介绍的是常见创建数据库方法。但在使用以上创建语句时，还有一些可选参数，如设置字符集、备注等。

使用以下语句查看创建数据库 db1 命令，并能查看所使用字符集：

SHOW CREATE DATABASE db1;

运行以上语句后，结果如图 3.6 所示。

```
MariaDB [(none)]> SHOW CREATE DATABASE db1;
| Database | Create Database                                                      |
| db1      | CREATE DATABASE `db1` /*!40100 DEFAULT CHARACTER SET utf8mb3 */      |
1 row in set (0.018 sec)
```

图 3.6　查看创建数据库语句

由图 3.6 可知,数据库 db1 的字符集为 utf8mb3,它是在安装 MariaDB 数据库时的默认字符集。可以在创建数据库时指定数据库采用的字符集。例如,采用以下语句创建数据库,并指定字符集为 gbk:

```
CREATE OR REPLACE SCHEMA db1 CHARACTER SET 'gbk';
```

再次使用以下语句查看创建数据库 db1 命令:

```
SHOW CREATE DATABASE db1;
```

运行以上语句后,结果如图 3.7 所示。

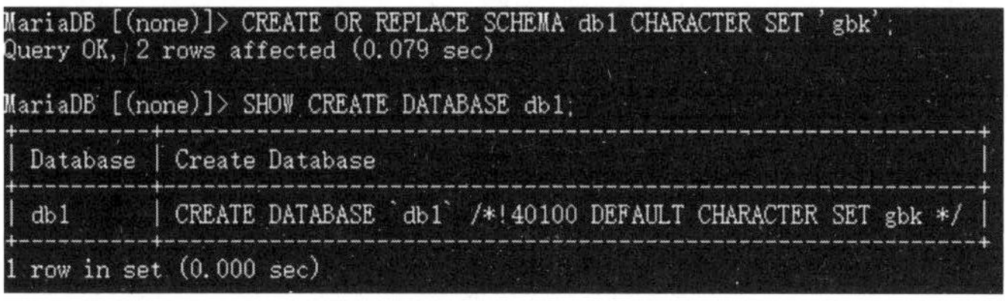

图 3.7 指定字符集创建数据库

采用下面语句创建数据库时,可指定数据库的排序规则 COLLATE 为 utf8_general_ci:

```
CREATE OR REPLACE SCHEMA db1 COLLATE utf8_general_ci;
```

提示:在创建数据库时,如果没有指定 COLLATE 的值时,其值与安装 MariaDB 时初始设置或后期配置有关。

采用下面语句创建数据库,可指定备注信息:

```
CREATE OR REPLACE SCHEMA db1 COMMENT 'database note';
```

提示:关键字 COMMENT 可以对创建数据库进行注释性描述,最大支持 1024B,但该特性只在 10.5.0 以上版本支持。

至此,在 MariaDB 中,创建数据库的相对完整句法如下:

```
CREATE [OR REPLACE] {DATABASE | SCHEMA} [IF NOT EXISTS]db_name
[
    [DEFAULT] CHARACTER SET [ = ]charset_name
    | [DEFAULT] COLLATE [ = ]collation_name
    | COMMENT [ = ] 'comment'
]
```

关于以上句法的各参数,在前面示例中有所介绍,此处不再重复叙述。

3.2 使用数据库

在 MariaDB 数据库中,允许创建多个数据库,目的是便于用户更好地分类管理用户数据表。在命令提示符中,输入下面语句创建第二个示例数据库:

```
CREATE DATABASE db2;
```

接着,使用下面语句查看 MariaDB 数据库中的数据情况:

```
SHOW DATABASES;
```

运行以上语句后,结果如图 3.8 所示。

由图 3.8 可知,db1 和 db2 是当前创建的两个数据库,mysql、information_schema 和 sys 数据库是在安装 MariaDB 时已经自动创建,各个数据库介绍如下。

(1) mysql:核心数据库,主要存储数据库的用户、权限设置、关键字等控制和管理信息。

(2) information_schema:提供了访问数据库元数据的方式。

(3) performance_schema:主要用于收集数据库服务器性能参数。

(4) sys:依赖于 performance_schema,提供大量基于 performance 表的查询视图。

(5) test(如果有的话):用于测试的数据库,默认所有用户都可访问。

其中,前 3 个数据库是系统进行维护,test 数据库是在用户登录后可以进行随意操作,一般建议在实际应用中删除该数据库。

在图 3.8 中,命令提示符前面引导符号为:

```
MariaDB[(none)]>
```

其中,none 为当前还没有选择任何数据库,一旦选择了数据库,其值将为当前选择的数据库名称。通过提示符的指示,可以直观得知当前处于哪个数据库中。

选择当前操作的数据库句法如下:

```
use db_name;
```

上面句法的详细描述如下。

① use:关键字,选择指定数据库。

② db_name:选择当前使用的数据库名称。

例如,选择当前操作数据库为 db1 的命令如下:

```
use db1;
```

运行以上命令后,结果显示如图 3.9 所示。

图 3.8 SHOW DATABASES 运行结果

图 3.9 改变数据库

由图 3.9 可知,当前操作数据库直接在命令提示符中显示。通过下面的命令也可查看当前操作数据库:

```
SELECT database();
```

运行以上命令后,结果如图 3.10 所示。

同样地,再次使用 USE 命令可更改当前操作数据库,比如使用下面命令可更改当前操作数据库为 db2:

```
use db2;
```

运行后，命令提示符将更改为当前操作数据库 db2，如图 3.11 所示。

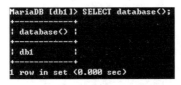

```
MariaDB [db1]> SELECT database();
+------------+
| database() |
+------------+
| db1        |
+------------+
1 row in set (0.000 sec)
```

图 3.10　查看当前数据库

```
MariaDB [db2]> use db2;
Database changed
MariaDB [db2]>
```

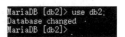

图 3.11　更改当前操作数据库

更改为当前操作数据库的好处是，如果在未明确指定数据库的情况下执行的任何操作都将在当前选择的数据库中执行。但是，如果确实需要在当前数据库中操作其他数据库中内容，则需要使用点“.”操作符号。例如，下面语句：

```
SELECT user FROM mysql.user;
```

以上命令将列出 mysql 数据库中表 user 中字段 user。

3.3　删除数据库

在 MariaDB 中，删除数据库的句法如下：

```
DROP {DATABASE | SCHEMA} [IF EXISTS]db_name
```

上面句法的详细描述如下。

① DROP：删除数据库关键字。

② DATABASE | SCHEMA：关键字，二选一，表示删除数据库。

③ 子句 IF EXISTS：可选，表示存在则删除；否则不予提示。

比如，删除数据库 db2，命令如下：

```
DROP SCHEMA db2;
```

运行以上命令后，结果如图 3.12 所示。

此时，删除数据库 db2，如果再次运行上面的命令，运行结果如图 3.13 所示。

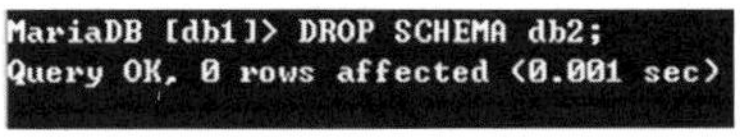

```
MariaDB [db1]> DROP SCHEMA db2;
Query OK, 0 rows affected (0.001 sec)
```

图 3.12　删除数据库一

```
MariaDB [db1]> DROP SCHEMA db2;
ERROR 1008 (HY000): Can't drop database 'db2'; database doesn't exist
```

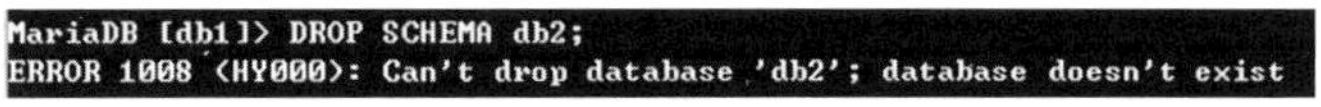

图 3.13　删除数据库二

由图 3.13 可知，再次运行删除数据库 db2 命令时，如果待删除数据库不存在，则会提示数据库不存在的错误。

为了避免以上的错误提示，则需要在删除命令中加入 IF EXISTS 子句，语句如下：

```
DROP SCHEMA IF EXISTS db2;
```

运行以上语句后，结果如图 3.14 所示。

```
MariaDB [db1]> DROP SCHEMA IF EXISTS db2;
Query OK, 0 rows affected, 1 warning (0.001 sec)

Note (Code 1008): Can't drop database 'db2'; database doesn't exist
```

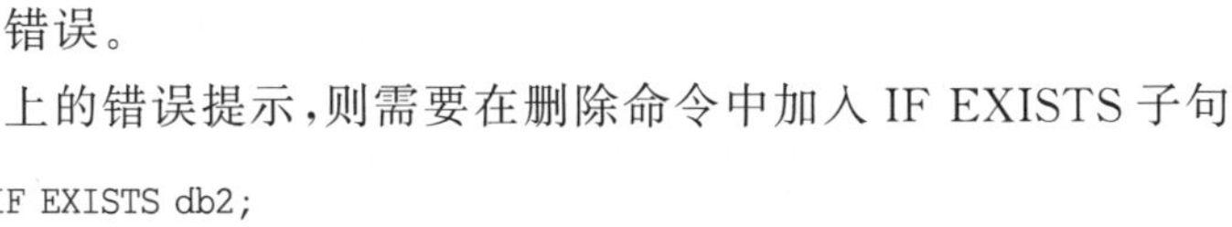

图 3.14　带子句 IF EXISTS 删除数据库

由图 3.14 可知，带 IF EXISTS 子句的删除数据库命令时，不会有错误提示，只是警告信息，可以再次通过 show warnings 命令查看，如图 3.15 所示。

```
MariaDB [db1]> show warnings;
+-------+------+---------------------------------------------------+
| Level | Code | Message                                           |
+-------+------+---------------------------------------------------+
| Note  | 1008 | Can't drop database 'db2'; database doesn't exist |
+-------+------+---------------------------------------------------+
1 row in set (0.000 sec)
```

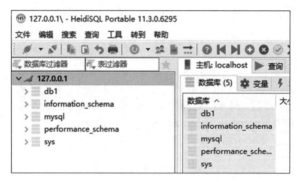

图 3.15　查看警告信息

提示：使用删除数据库命令时，将不会有任何提示，即使待删除的数据库中存在数据表、数据等内容。同时该操作不可逆。

3.4　使用图形界面操作

本章前面几节介绍的操作都是基于命令行提示符进行，下面简单介绍基于图形界面操作的方式。以开源工具 HeidiSQL 为例进行介绍。

进入 HeidiSQL 主界面后，如图 3.16 所示。

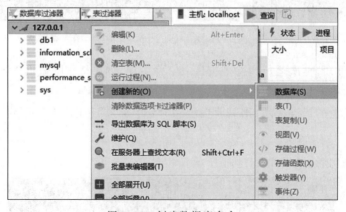

图 3.16　HeidiSQL 主界面

左边列表显示当前 MariaDB 数据库中已有数据库。要创建一个新数据库，在左侧列表中右击连接名称 localhost，选择快捷菜单中的“创建新的”→“数据库”选项，如图 3.17 所示。

图 3.17　创建数据库命令

将打开创建新数据库窗口,如图3.18所示。

在"名称"文本框中输入要创建的新数据库名称,如db2,其余选项保持默认即可,单击"确定"按钮,完成创建数据库操作。此时,HeidiSQL主界面左侧列表将增加一新的数据库,如图3.19所示。

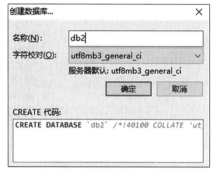

图3.18　创建数据库

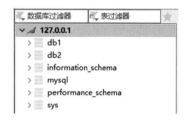

图3.19　HeidiSQL主界面左侧列表

要对某一数据库进行操作,用鼠标左键单击该数据库名称,如mysql数据库,右侧操作界面会随之发生变化,如图3.20所示,同时,即选中当前操作数据库。在左侧列表中,当前操作数据库处于选中且字体加粗状态。

图3.20　选择数据库

由图3.20可知,右侧主界面将列出该选中数据库中的所有数据表以及基本统计信息。单击左侧数据库列表中某一数据库名称箭头,则将直接在左侧列表该数据库名称下列出该数据库中所有数据表,如图3.21所示。

可以直观看到该数据库中所有数据表、视图等,更重要的是,可以直接查看该数据库、数据表占用大小。

删除数据库的操作是,在左侧列表中,右击待删除的数据库名称,选择快捷菜单中的"删除"选项即可,图3.22所示为删除数据库db2。

选择"删除"选项后,将弹出对话框,询问是否删除数据库,如图3.23所示。

单击"确定"按钮后删除数据库,单击"取消"按钮则返回主界面,没作任何操作。

在图形化操作界面中,同时提供输入操作命令运行方式,在图3.17所示界面中,单击"查询"tab标签,将打开输入命令的编辑框,如图3.24所示。

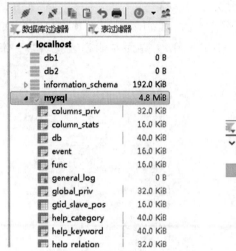
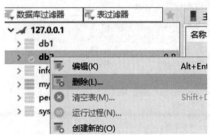

图 3.21　左侧列表下选中数据的数据表　　　图 3.22　删除数据库命令

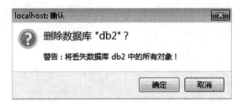

图 3.23　确认删除数据库

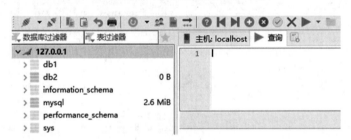

图 3.24　单击"查询"tab 标签

在输入框中可输入相关语句，如创建数据库的语句，接着按 F9 键或单击"查询"图标，即可运行该命令。

以上是图形界面工具 HeidiSQL 操作数据库的过程。采用图形界面操作的优点是直观、易懂，对于初学者来说，更加容易上手，减少记忆各种操作命令的麻烦。同时，在删除数据库时，能弹出友情提示，防止误删除。

3.5　名称约束

名称约束就是对数据库、数据表、列、索引、视图等命名时的限制。本节介绍在 MariaDB 中命名名称的规则。

3.5.1 有效字符

在对名称进行命名时,首先需要关注的是有效字符,即能使用哪些有效字符进行命名,下面是不加引号就可使用的有效字符:ASCII:[0-9,a-z,A-Z $ _](即表示数字 0~9、字母的小写和大写以及符号 $ 和下画线_)。

下面是需要加引号才能使用的字符。

(1) ASCII:U+0001~U+007F。

(2) 扩展:U+0080~U+FFFF。

(3) 只要使用引号,标识符引号本身就可以用作标识符的一部分。

3.5.2 其他规则

在命名中,常见的写法是在名称上不加反单引号,而一旦使用了特殊字符,则需要加上反单引号。在有些第三方软件中,自动生成 SQL 语句时会带上反单引号;如果在名称中使用了保留字,同样需要在名称前后加上反单引号。

在命名时,还需要注意下面规则。

(1) 数据库、数据表和列的名称不能以空格字符结尾。

(2) 名称全部是数字时,则需要加反单引号。

(3) 名称可以是数字和字符的混合。

(4) 标识符默认区分大小写是依据操作系统设置而定,如 Windows 系统不区分大小写、UNIX 系统区分大小写,但可以通过更改 MariaDB 数据库的配置重新设定大小写规则。

(5) 以数字开头,后跟"e"的标识符可以解析为浮点数,需要加反单引号。

(6) 标识符不允许包含 ASCII NUL 字符(U+0000)和补充字符(U+10000 及更高版本)。

(7) 用户变量不能用作标识符的一部分,也不能用作 SQL 语句中的标识符。

3.5.3 名称长度

(1) 数据库、数据表、列、索引等名称的最大长度为 64 个字符。

(2) 复合语句标签的最大长度为 16 个字符。

(3) 别名的最大长度为 256 个字符,但 CREATE VIEW 语句中的列别名除外,别名会根据 64 个字符的最大列长度(而不是 256 个字符的最大别名长度)进行检查。

(4) 用户的最大长度为 80 个字符。

(5) 角色的最大长度为 128 个字符。

下面是创建数据库的示例,数据库名称使用的是数字 3:

```
CREATE DATABASE 3;
```

运行以上语句后,会 1064 报错,如图 3.25 所示。

正确方式是在数字前后加上反单引号,语句如下:

```
CREATE DATABASE `3`;
```

创建结果如图 3.26 所示。

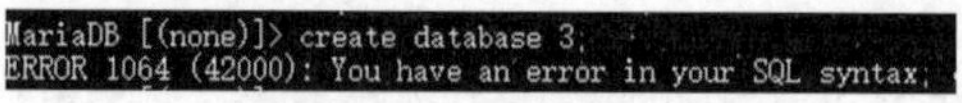

图 3.25　创建数据库错误

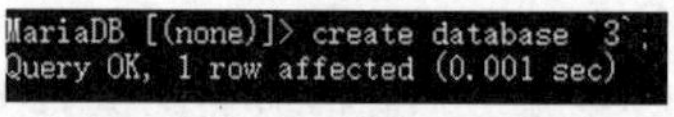

图 3.26　用数字作为数据库名称创建数据库

3.5.4　注释

在书写 SQL 语句时，同时带上注释是一种很好的习惯，注释可用来标识 SQL 语句的含义，但在执行 SQL 时，不会执行注释语句。在 MariaDB 中，书写注释有以下 3 种方法。

（1）--：单行注释，可用于单条 SQL 的最后。提示：在两个英文减号"--"之后一定要加上空格，以和后面字符进行隔离。

示例如下：

```
CREATE SCHEMA db1; -- 创建数据库 db1
```

（2）#：单行注释的另一种方式。只要以符号 # 开头，后面的所有字符将被识别为注释。

（3）/* content */：多行注释，也可作为单行注释。

当需要多行注释时，该形式是最好的表达方式，示例如下：

```
/*
这里面是注释,不会被运行
*/
```

即只要在符号"/*"和"*/"之间所有的字符都将被识别为注释。但该注释不能嵌套注释；否则可能报错。

3.6　保留字

MariaDB 中提供了保留字，不建议作为标识符，表 3.1 所示为当前 MariaDB 的所有保留字列表。

表 3.1　保留字

ACCESSIBLE	ADD	ALL
ALTER	ANALYZE	AND
AS	ASC	ASENSITIVE
BEFORE	BETWEEN	BIGINT
BINARY	BLOB	BOTH
BY	CALL	CASCADE
CASE	CHANGE	CHAR

续表

CHARACTER	CHECK	COLLATE
COLUMN	CONDITION	CONSTRAINT
CONTINUE	CONVERT	CREATE
CROSS	CURRENT_DATE	CURRENT_ROLE
CURRENT_TIME	CURRENT_TIMESTAMP	CURRENT_USER
CURSOR	DATABASE	DATABASES
DAY_HOUR	DAY_MICROSECOND	DAY_MINUTE
DAY_SECOND	DEC	DECIMAL
DECLARE	DEFAULT	DELAYED
DELETE	DESC	DESCRIBE
DETERMINISTIC	DISTINCT	DISTINCTROW
DIV	DO_DOMAIN_IDS	DOUBLE
DROP	DUAL	EACH
ELSE	ELSEIF	ENCLOSED
ESCAPED	EXCEPT	EXISTS
EXIT	EXPLAIN	FALSE
FETCH	FLOAT	FLOAT4
FLOAT8	FOR	FORCE
FOREIGN	FROM	FULLTEXT
GENERAL	GRANT	GROUP
HAVING	HIGH_PRIORITY	HOUR_MICROSECOND
HOUR_MINUTE	HOUR_SECOND	IF
IGNORE	IGNORE_DOMAIN_IDS	IGNORE_SERVER_IDS
IN	INDEX	INFILE
INNER	INOUT	INSENSITIVE
INSERT	INT	INT1
INT2	INT3	INT4
INT8	INTEGER	INTERSECT
INTERVAL	INTO	IS
ITERATE	JOIN	KEY
KEYS	KILL	LEADING
LEAVE	LEFT	LIKE
LIMIT	LINEAR	LINES
LOAD	LOCALTIME	LOCALTIMESTAMP
LOCK	LONG	LONGBLOB

续表

LONGTEXT	LOOP	LOW_PRIORITY
MASTER_HEARTBEAT_PERIOD	MASTER_SSL_VERIFY_SERVER_CERT	MATCH
MAXVALUE	MEDIUMBLOB	MEDIUMINT
MEDIUMTEXT	MIDDLEINT	MINUTE_MICROSECOND
MINUTE_SECOND	MOD	MODIFIES
NATURAL	NOT	NO_WRITE_TO_BINLOG
NULL	NUMERIC	ON
OPTIMIZE	OPTION	OPTIONALLY
OR	ORDER	OUT
OUTER	OUTFILE	OVER
PAGE_CHECKSUM	PARSE_VCOL_EXPR	PARTITION
POSITION	PRECISION	PRIMARY
PROCEDURE	PURGE	RANGE
READ	READS	READ_WRITE
REAL	RECURSIVE	REF_SYSTEM_ID
REFERENCES	REGEXP	RELEASE
RENAME	REPEAT	REPLACE
REQUIRE	RESIGNAL	RESTRICT
RETURN	RETURNING	REVOKE
RIGHT	RLIKE	ROWS
SCHEMA	SCHEMAS	SECOND_MICROSECOND
SELECT	SENSITIVE	SEPARATOR
SET	SHOW	SIGNAL
SLOW	SMALLINT	SPATIAL
SPECIFIC	SQL	SQLEXCEPTION
SQLSTATE	SQLWARNING	SQL_BIG_RESULT
SQL_CALC_FOUND_ROWS	SQL_SMALL_RESULT	SSL
STARTING	STATS_AUTO_RECALC	STATS_PERSISTENT
STATS_SAMPLE_PAGES	STRAIGHT_JOIN	TABLE
TERMINATED	THEN	TINYBLOB
TINYINT	TINYTEXT	TO
TRAILING	TRIGGER	TRUE
UNDO	UNION	UNIQUE
UNLOCK	UNSIGNED	UPDATE
USAGE	USE	USING
UTC_DATE	UTC_TIME	UTC_TIMESTAMP
VALUES	VARBINARY	VARCHAR
VARCHARACTER	VARYING	WHEN
WHERE	WHILE	WINDOW
WITH	WRITE	XOR
YEAR_MONTH	ZEROFILL	

本章小结

本章介绍了 MariaDB 数据库中数据库操作的基本方法,即如何创建、选择和删除数据库,这是操作数据库中必须掌握的一步;同时,介绍如何在图形化界面工具中操作数据库,尽管只介绍了工具 HeidiSQL 的操作方式,而一旦掌握后,其余图形化工具操作与此类似;最后,介绍在 MariaDB 数据库中,大家需要掌握的基础知识,即名称约束、注释和保留字,内容比较枯燥,可以在实际操作中逐步掌握。

第4章 数据表操作

数据表是数据库中承载数据的重要载体,也是 MariaDB 数据库的重要组成部分,本章将对数据表的操作进行详细介绍。

4.1 基本概念

关系数据表的定义具有严格性,主要是列属性定义。比如在使用数据表之前,需要先确定列属性。预先定义列属性后,对于后期数据存储、数据处理具有重要意义。MariaDB 属于关系数据库,在定义关系表时,同样要预先确定列类型。

MariaDB 数据库提供了丰富的数据类型,列的类型包括数值数据类型、字符串数据类型、日期和时间数据类型和其他数据类型等。下面分别进行介绍。

表 4.1 中所示为 MariaDB 所支持的数值数据类型及其描述。

表 4.1 数值数据类型

序号	列类型	描 述
1	TINYINT	非常小的整数。有符号的范围是 −128~127。无符号的范围是 0~255
2	BOOLEAN	布尔类型,0 视为 false,非 0 视为 true
3	SMALLINT	一个小整数。有符号的范围是 −32768~32767。无符号的范围是 0~65535
4	MEDIUMINT	中型整数。有符号的范围是 −8388608~8388607。无符号的范围是 0~16777215
5	INT(INTEGER)	普通大小的整数。标记为 UNSIGNED 时,范围是 0~4294967295,否则范围是 −2147483648~2147483647
6	BIGINT	一个大整数。有符号的范围是 −9223372036854775808~9223372036854775807。无符号的范围是 0~18446744073709551615
7	DECIMAL(DEC,NUMERIC,FIXED)	表示精确的定点数(M,D),M 指定其数字,D 指定小数后的数字,小数点和(对于负数)"−"号不计算在 M 内

续表

序号	列类型	描述
8	FLOAT	表示单精度浮点数,允许的值为 $-3.402823466 \times 10^{38} \sim -1.175494351 \times 10^{-38}$ 0 $1.175494351 \times 10^{-38} \sim 3.402823466 \times 10^{38}$
9	DOUBLE(REAL, DOUBLE PRECISION)	表示双精度浮点数,允许的值为 $-1.7976931348623157 \times 10^{308} \sim -2.2250738585072014 \times 10^{-308}$ 0 $2.2250738585072014 \times 10^{-308} \sim 1.7976931348623157 \times 10^{308}$
10	BIT	表示位字段,M 指定每个值的位数,从 1～64,省略 M 时,默认值为 1

表 4.2 所示为字符串数据类型及其描述。

表 4.2 字符串数据类型

序号	列类型	描述
1	String literals	表示用引号括起来的字符序列
2	CHAR	表示一个固定长度的字符串(M),在存储时右侧用空格填充到指定的长度。M 表示字符的列长度,取值范围为 0～255,默认值为 1
3	VARCHAR	表示一个可变长度字符串(M),M 范围(最大列长度)为 0～65532
4	BINARY	表示二进制字节字符串(M),M 为列长度(以字节为单位)
5	VARBINARY	表示可变长度的二进制字节字符串(M),M 为列长度
6	TINYBLOB	表示 Blob 列,最大长度为 $255 \times (2^8-1)$ 字节。在存储中,每个都使用一个字节长度的前缀,表示值中的字节数量
7	BLOB	表示最大长度为 $65535 \times (2^{16}-1)$ 字节的 blob 列。在存储中,每个都使用 2B 长度的前缀,表示值中的字节数量
8	MEDIUMBLOB	表示最大长度为 $16777215 \times (2^{24}-1)$ 字节的 blob 列。在存储中,每个都使用一个 3B 长度的前缀,表示值中的字节数量
9	LONGBLOB	表示最大长度为 $4294967295 \times (2^{32}-1)$ 字节的 blob 列。在存储中,每个使用 4B 长度的前缀,表示值中的字节数量
10	TINYTEXT	表示最大长度为 $255 \times (2^8-1)$ 字符的文本列。在存储中,每个都使用一个字节长度的前缀,表示值中的字节数量
11	TEXT	表示最大长度为 $65535 \times (2^{16}-1)$ 字符的文本列。在存储中,每个都使用 2B 长度的前缀,表示值中的字节数量
12	MEDIUMTEXT	表示最大长度为 $16777215 \times (2^{24}-1)$ 字符的文本列。在存储中,每个都使用 3B 长度前缀,表示值中的字节数量
13	LONGTEXT	表示最大长度为 4294967295 或 $4GB \times (2^{32}-1)$ 字符的文本列。在存储中,每个使用 4B 长度的前缀,表示值中的字节数量
14	ENUM	表示一个列表中只有一个值的字符串对象
15	SET	表示一个列表中具有零个或多个值的字符串对象,最多包含 64 个成员。SET 值在内部以整数值表示
16	JSON	JSON 是 LONGTEXT 的别名

表4.3所示为日期和时间数据类型及其描述。

表4.3 日期和时间数据类型

序号	列 类 型	描 述
1	DATE	表示日期范围为"1000-01-01"到"9999-12-31",使用"YYYY-MM-DD"日期格式
2	TIME	表示"-838:59:59.999999"到"838:59:59.999999"的时间范围
3	DATETIME	表示范围"1000-01-01 00:00:00.000000"至"9999-12-31 23:59:59.999999"。它使用"YYYY-MM-DD HH:MM:SS.ffffff"格式显示值
4	TIMESTAMP	表示"YYYY-MM-DD HH:MM:SS.ffffff"格式的时间戳。表示范围为'1970-01-01 00:00:01'(UTC)至'2038-01-19 03:14:07'(UTC)。主要用于详细描述数据库修改的时间,如插入或更新
5	YEAR	表示2位或4位格式的年份,默认值为4位数格式。4位数格式允许在1901~2155范围内以及0000的值。2位数格式的允许值为70~69,代表从1970到2069的年份。但自5.5.27版本开始不推荐使用两位数格式

除了以上介绍的数据类型外,MariaDB还提供了其他数据类型或属性的支持,包括Geometry数据类型、自增长、NULL等,下面简要介绍。

(1) NULL:表示未知值,但不是一个空字符串或0值。在创建数据表时,对某些列可定义为NULL或not NULL。比如,"姓名"列为必填写时,可定义为not NULL;"所在城市"列允许为空时,则可定义为NULL,即不填写也不会报错。

(2) AUTO_INCREMENT:在创建数据表时,某列可定义为AUTO_INCREMENT,即列默认从1开始自动递增,常见的是用于数据表的主键上。提示:每张数据表最多包含一个AUTO_INCREMENT列,同时该列必须指定为键。

(3) Geometry 数据类型:即几何类型,包含POINT、LINESTRING、POLYGON、MULTIPOINT、MULTILINESTRING、MULTIPOLYGON 和 GEOMETRYCOLLECTION 等数据类型。

由此可知,MariaDB提供了丰富的数据类型,特别是在兼容MySQL方面,能满足用户绝大多数需求。

4.2 创建数据表基本格式

在创建完成数据库后,重要的操作是创建数据表,即在指定数据库中建立存储数据的约束性描述,即表示为数据表。创建数据表,采用二维表存储数据,定义存储每列数据的类型、在后期实施数据插入等操作时,同时检查数据的完整性。比如,检测出某列数据的类型为int型,但在插入数据时插入了日期型,则会返回错误,从而禁止用户的插入操作。

在MariaDB中,创建数据表的基本格式如下:

```
CREATE TABLE table_name (
    column_name column_type
    [,column_name column_type [,column_name column_type]...]
);
```

在上面创建数据表的基本格式中,描述如下。

① CREATE TABLE:创建数据表时的关键字。

② table_name:待创建的数据表名称。

③ column_name column_type:待创建数据表中的列名称和列数据类型,在一张数据表中可以创建多列。创建多列时,列定义之间以逗号分隔,定义的列数据类型以括号包围。

提示:在 MariaDB 中,创建语句最后以分号结束是个良好习惯,特别是批处理执行多条 SQL 语句时,每条 SQL 语句以分号进行分隔和识别。

下面是创建数据表 student 的示例:

```
CREATE TABLE student (
    id int NOT NULL AUTO_INCREMENT,
    name varchar(30),
    PRIMARY KEY (id)
);
```

在以上创建数据表示例中,指定创建的数据表名为 student,定义了两列,一列名称为 id,int 类型,不能为 NULL,并且从 1 开始自增长,另一列为 name,字符型,最长为 30 字符,同时,通过关键字 PRIMARY KEY 将列 id 定义为主键。

在 MariaDB 中创建数据表有两种方式。

一种方式是首先指定当前工作的数据库,然后创建数据表,如图 4.1 所示。

由图 4.1 可知,指定当前工作的数据库后,在提示符中就会直观体现,然后创建的数据表即在该数据库中。

另一种方式是采用点运算符,无需指定当前工作的数据库,只需要当前用户具有待创建数据表的数据库权限即可,如图 4.2 所示。

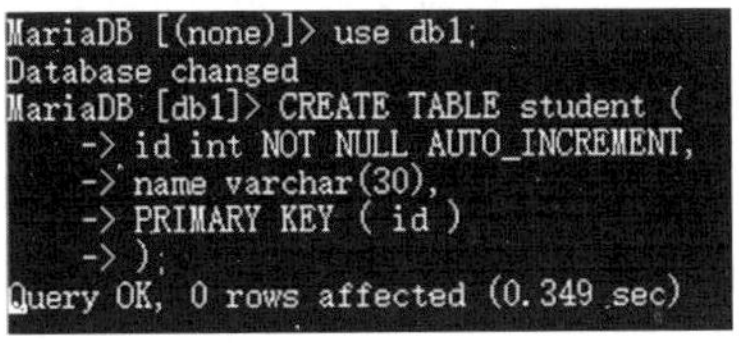

图 4.1 先选择数据库再创建数据表 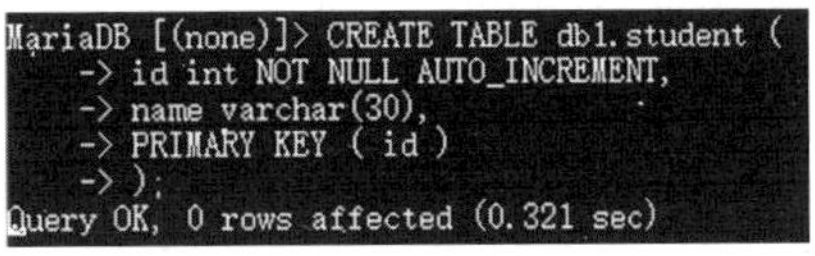   图 4.2 直接创建数据库

由图 4.2 可知,创建数据表前没有选择工作数据库,而是在创建数据表时采用了点运算符,表示在数据库 db1 中创建数据表 student,采用这种方式具有更大灵活性,可减少不停切换当前工作的数据库。

在命令提示符中输入语句时,如果没有以分号结束,按回车键后提示符自动变为符号"->",表示输入还未完成,以提示用户继续输入内容,直到最后以分号结束输入,再次按回车键后将检查并运行 SQL 语句。

提示:数据类型如果需要定义长度时,在数据类型后以括号表示,如 varchar(20)、int(5) 等。

4.3 创建数据表完整句法

创建数据表的过程很轻松，也很容易掌握，MariaDB 为了满足实际需要，在创建数据表时提供了丰富的选项。比如，主键关键字 PRIMARY KEY，用来指定主键。

下面是创建数据表比较完整的句法：

```
CREATE [OR REPLACE] [TEMPORARY] TABLE [IF NOT EXISTS] table_name
(
    column_name column_type [NULL | NOT NULL]
        [DEFAULT default_value]
        [AUTO_INCREMENT]
        [UNIQUE KEY | PRIMARY KEY]
        [COMMENT 'string'],
    ...
    [, PRIMARY KEY [USING BTREE | HASH] (index_col_name, ...)]
    [,[INDEX | KEY] index_name [USING BTREE | HASH] (index_col_name, ...)]
    [, UNIQUE [INDEX | KEY] [index_name] [USING BTREE | HASH] (index_col_name, ...)]
    [, FOREIGN KEY index_name (index_col_name, ...) REFERENCES another_table_name (index_col_name, ...)]
)
    [other_statement]
```

在上面创建数据表的完整句法中，描述如下。

① OR REPLACE：创建数据表关键字，可选，表示如果创建的数据表已经存在，则删除已有数据表，并以新的创建数据表句法重新创建该数据表。提示：如果待创建数据表已经存在，则将清空其中所有数据。

② TEMPORARY：创建数据表关键字，可选，表示创建的是临时表，仅对当前会话可用，会话结束时将删除临时表。

③ IF NOT EXISTS：可选，判断创建的数据表是否存在，如果不存在才进行创建。

以上关键字是创建数据表时可能需要选用的关键字，下面是对创建的各列可能需要选用的属性。

④ NULL | NOT NULL：选用，定义的该列是否为 NULL，如果为 NULL，则允许用户输入数据时，该列不输入任何数据；当定义为 NOT NULL 时，则不允许该列为 NULL，即必须输入值，包括空字符串，定义列时，未指定这两个属性其中一个时，默认为 NULL。

⑤ DEFAULT default_value：定义初始值，即定义的列允许使用的初始值，包括具体值或函数，即插入新记录时，如果没有输入任何值，将默认以该初始值进行填充。

⑥ AUTO_INCREMENT：自增长属性，默认从 1 开始。

⑦ UNIQUE KEY：唯一键，即该列值不能重复，比如用户信息表中身份证号不能重复，可以使用该属性表示。

⑧ PRIMARY KEY：关键字，该列为关键字，即使用该列可以标识该记录，即通过该列可以快速定位该记录。

⑨ COMMENT 'string'：表示注释，可以对定义的列进行描述（对列进行描述是一个良

好习惯,描述以单引号或双引号括起)。

以上是对定义列相关属性的描述。在创建时,还可指定另外一些重要内容,如主键等信息,描述如下。

⑩ PRIMARY KEY:表示指定主键,并可指定主键的存储方式(可选,下同)。指定主键时,可以指定单列或多列,之间以逗号分隔。

⑪ [INDEX | KEY]index_name:表示指定索引或键值。

⑫ UNIQUE [INDEX | KEY] [index_name]:表示指定唯一索引。

⑬ FOREIGN KEY:表示指定外键。

除了对创建列信息的描述外,还可对整个创建语句进行整体描述,指定其他一些重要信息,如重新定义自增长初始值等。表 4.4 所示为对 other_statement 的描述。

表 4.4 other_statement 描述

序号	语句	描述
1	AUTO_INCREMENT = value	重新指定自增长初始值
2	AVG_ROW_LENGTH = value	设置平均每行包括的字节数
3	CHARACTER SET =charset_name	设置字符集
4	CHECKSUM = {0	1}	设置校验
5	COLLATE =collation_name	设置 COLLATE
6	COMMENT = 'string'	设置注释
7	DATA DIRECTORY = 'absolute path'	设置数据存放目录
8	DELAY_KEY_WRITE ={ 0	1 }	设置延迟更新索引直至表关闭
9	INDEX DIRECTORY = 'absolute path'	设置索引存放目录
10	INSERT_METHOD ={ NO	FIRST	LAST }	如果要将数据插入 MERGE 表中,则必须指定 INSERT_METHOD 要在其中插入行的表
11	MAX_ROWS = value	设置表的最大行
12	MIN_ROWS = value	设置表保留最小行空间
13	PACK_KEYS = {0	1	DEFAULT}	设置索引压缩的方式
14	ROW _ FORMAT = { DEFAULT	DYNAMIC	FIXED	COMPRESSED}	定义存储行的物理格式
15	UNION = (table1,...)	用于访问一组相同的 MyISAM 表。这仅适用于 MERGE 表
16	ENGINE= 'string'	设置引擎

下面是创建数据表的示例:

```
CREATE TABLE `student` (
    `id` int(11) NOT NULL AUTO_INCREMENT,
    `name` varchar(30) DEFAULT NULL COMMENT '姓名',
    `age` int(10) DEFAULT 10 COMMENT '年龄',
    PRIMARY KEY (`id`)
) auto_increment 100,
ENGINE = InnoDB,
DEFAULT CHARSET = utf8mb4;
```

在上面创建的数据表示例中,设置 id 列为自增长,并指定自增长从 100 开始,在 name 和 age 列定义中使用默认值和注释,同时,重新指定数据表的存储引擎及字符集。

下面是创建临时表示例：

```
CREATE TEMPORARY table temp_student (
    id int,
    name VARCHAR(30)
);
```

提示：MariaDB 中临时表只对当前连接可见，当连接关闭后，MariaDB 会自动删除临时表并释放空间。

4.4 修改数据表

一旦创建数据表后，在使用过程中难免会对数据表结构进行调整，如增加列、对已存在列进行编辑等操作。在 MariaDB 中，提供了编辑数据表结构语句，以完成以上操作。编辑数据表的基本语句格式如下：

```
ALTER TABLE table_name [option_statement]
```

在上面修改数据表的基本格式中，描述如下。

① ALTER TABLE：修改数据表结构时的关键字。

② table_name：数据表名称。

③ option_statement：修改选项，具体描述如表 4.5 所示。

表 4.5 ALTER TABLE 修改选项

序号	语 句	描 述
1	ADD[column] new_column_name column_definition	新增列
2	MODIFY column_name column_definition	修改列属性
3	ALTER[column] column_name { SET DEFAULT < default > | DROP DEFAULT }	修改列的默认值
4	DROP [column] column_name;	删除列
5	CHANGE[column] old_name new_name	重命名列
6	RENAME TO new_table_name;	重命名表名

由此可知，MariaDB 提供了修改数据表结构的多种方式，下面分别进行介绍。

4.4.1 增加列

要向已存在的数据表中增加列，使用下面句法：

```
ALTER TABLE table_name
    ADD[COLUMN] new_column_name column_definition
    [FIRST | AFTER column_name];
```

上面句法的详细描述如下。

① ALTER TABLE...ADD...：在数据表中增加列的关键字。

② table_name：待修改数据结构的数据表名称。

③ COLUMN：关键字，可选，标识列。

④ new_column_name：待新增的新列名。

⑤ column_definition：对新增列的数据类型描述。

⑥ FIRST：可选，表示增加到数据表的第一个列。

⑦ AFTER column_name：可选，增加到指定列的后面，FIRST 和 AFTER column_name 不能同时使用，如果省略这两个子句时，增加的列将排在数据表的最后。

提示：在一条增加列语句中，可以同时增加多列，句法如下：

```
ALTER TABLE table_name
    ADD [COLUMN] new_column_name column_definition
    [FIRST | AFTER column_name]
    , ADD [COLUMN] new_column_name column_definition
    [FIRST | AFTER column_name]
    …;
```

下面是对数据表 student 增加列的示例：

```
ALTER TABLE student
    ADD COLUMN address VARCHAR(50) DEFAULT 'addr',
    ADD birthday date after name;
```

运行以上语句后，结果如图 4.3 所示。

图 4.3　新增列

由图 4.3 可知，在数据表 student 中同时增加两列：增加新列 address，将排在数据表的最后并设置初始值；增加新列 birthday，指定排在列 name 之后。

接着使用下面语句查看列属性：

```
DESC student;
```

运行以上语句后，结果如图 4.4 所示。

图 4.4　查看新增列后数据表结构

由图 4.4 可知，新增两列成功，并且其列属性定义和位置符合预期。

4.4.2　修改列属性

在 MariaDB 中，修改数据表中列属性的句法如下：

```
ALTER TABLE table_name
    MODIFY[COLUMN] column_name column_definition
```

上面句法的详细描述如下。

① ALTER TABLE…MODIFY…：修改表列属性的关键字。

② table_name：数据表名称。

③ COLUMN：关键字，可选，标识列。

④ column_name：待修改列的名称。

⑤ column_definition：修改后的列属性。

提示：在一条修改列属性的语句中，可以同时修改多个列的属性，句法如下：

```
ALTER TABLE table_name
MODIFY[COLUMN] column_name column_definition
, column_name column_definition
...
```

下面是对数据表 student 中列 address 属性修改的示例：

```
ALTER TABLE student
    MODIFY COLUMN address VARCHAR(100) DEFAULT '' COMMENT 'address';
```

运行以上语句后，结果如图 4.5 所示。

```
MariaDB [db1]> ALTER TABLE student
    ->     MODIFY COLUMN address VARCHAR(100) DEFAULT '' COMMENT 'address';
Query OK, 0 rows affected (1.027 sec)
Records: 0  Duplicates: 0  Warnings: 0
```

图 4.5　修改列属性示例

另一种修改指定列默认值和删除默认值的句法为：

```
ALTER TABLE table_name
    ALTER[COLUMN] column_name { SET DEFAULT <default> | DROP DEFAULT }
```

上面句法的描述如下。

① ALTER TABLE…ALTER…：更改表定义的关键字。

② table_name：数据表名。

③ COLUMN：关键字，可选，表示列。

④ column_name：待修改的列名称。

⑤ SET DEFAULT <default>：子句，表示重置默认值，SET DEFAULT 是关键字，<default> 表示默认值。

⑥ DROP DEFAULT：子句，表示删除默认值。

提示：子句 SET DEFAULT <default> 和 DROP DEFAULT 不能同时存在，只能二选一。

比如，下面语句将删除数据表 student 中列 address 的默认值：

```
ALTER TABLE student
    ALTER address DROP DEFAULT;
```

运行以上语句后，结果如图 4.6 所示。

```
MariaDB [db1]> ALTER TABLE student
    ->     ALTER address DROP DEFAULT;
Query OK, 0 rows affected (0.387 sec)
Records: 0  Duplicates: 0  Warnings: 0
```

图 4.6　删除列默认值示例

接着,运行 DESC 命令查看数据表 student 的结构,如图 4.7 所示。

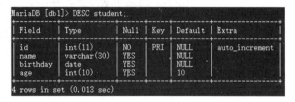

图 4.7　查看数据表 student 的结构

由图 4.7 可知,列 address 的默认值被置为了 NULL。

4.4.3　删除列

MariaDB 支持删除数据表中已存在的列,句法如下:

```
ALTER TABLE table_name
    DROP[COLUMN] column_name;
```

上面句法的详细描述如下。

① ALTER TABLE…DROP…:修改表定义的关键字,表示删除列。
② table_name:待修改的数据表名称。
③ COLUMN:关键字,可选,标识列。
④ column_name:待删除列的名称。

提示:待删除的数据表列必须存在;否则会提示错误。

下面是删除数据表 student 中列 address 的示例:

```
ALTER TABLE student
    DROP address;
```

运行以上语句后,结果如图 4.8 所示。
接着,运行 DESC 命令,查看数据表 student 的结构,如图 4.9 所示。

图 4.8　删除列　　　　图 4.9　查看数据表 student 的结构

由图 4.9 可见,数据表 student 已经被删除列 address。

4.4.4　重命名列

MariaDB 支持重命名数据表中已存在列的列名,基本句法如下:

```
ALTER TABLE table_name
    CHANGE[COLUMN] old_name new_name
```

```
    column_definition
    [FIRST | AFTER column_name]
```

上面句法的详细描述如下。

① ALTER TABLE...CHANGE...：修改表定义的关键字，更改列名称。

② table_name：待修改的数据表名称。

③ COLUMN：关键字，可选，标识列。

④ old_name：指修改前的列名称。

⑤ new_name：指修改后的列名称。

⑥ column_definition：指列修改后的数据类型，如果不需要修改字段的数据类型，但也要将新数据类型设置成与原来一样，即 column_definition 不能为空。

⑦ FIRST：表示该列重新放到数据表的第一列。

⑧ AFTER column_name：表示该列重新放到指定列之后，AFTER 表示关键字，column_name 表示数据表中已存在的列；

提示：子句 FIRST 和 AFTER column_name 可选，但不能同时存在，如果省略了这两个子句，则列的位置将不发生改变。由此可知，该语句还能同时更改数据列的位置。

下面示例中，重命名数据表 student 中列 birthday 为名称 birth：

```
ALTER TABLE student
    CHANGE birthday birth date;
```

运行以上语句后，结果如图 4.10 所示。

```
MariaDB [db1]> ALTER TABLE student
    -> CHANGE birthday birth date;
Query OK, 0 rows affected (0.689 sec)
Records: 0  Duplicates: 0  Warnings: 0
```

图 4.10　更改数据表列名

接着，运行 DESC 命令，查看数据表结构，如图 4.11 所示。

```
MariaDB [db1]> DESC student;
+-------+-------------+------+-----+---------+----------------+
| Field | Type        | Null | Key | Default | Extra          |
+-------+-------------+------+-----+---------+----------------+
| id    | int(11)     | NO   | PRI | NULL    | auto_increment |
| name  | varchar(30) | YES  |     | NULL    |                |
| birth | date        | YES  |     | NULL    |                |
| age   | int(10)     | YES  |     | 10      |                |
+-------+-------------+------+-----+---------+----------------+
4 rows in set (0.013 sec)
```

图 4.11　查看数据表结构

由图 4.11 可知，列 birthday 被重新命名为 birth，列的位置没有发生改变。

下面示例只更改列 age 位置到列 name 之后，不改变列名称：

```
ALTER TABLE student
    CHANGEage age int(10)
    AFTER name;
```

运行以上语句后，结果如图 4.12 所示。

接着，运行 DESC 命令，查看数据表结构，如图 4.13 所示。

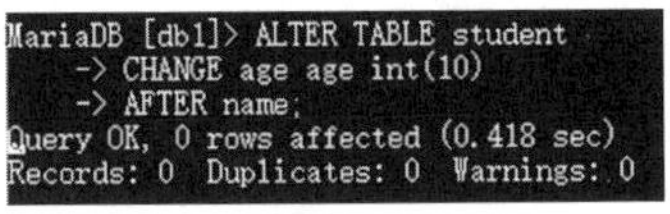

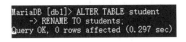

```
MariaDB [db1]> ALTER TABLE student
    -> CHANGE age age int(10)
    -> AFTER name;
Query OK, 0 rows affected (0.418 sec)
Records: 0  Duplicates: 0  Warnings: 0
```

图 4.12　更改列位置示例

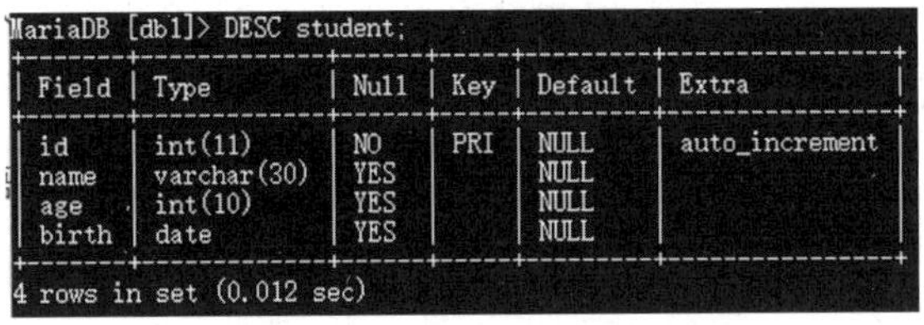

```
MariaDB [db1]> DESC student;
+-------+-------------+------+-----+---------+----------------+
| Field | Type        | Null | Key | Default | Extra          |
+-------+-------------+------+-----+---------+----------------+
| id    | int(11)     | NO   | PRI | NULL    | auto_increment |
| name  | varchar(30) | YES  |     | NULL    |                |
| age   | int(10)     | YES  |     | NULL    |                |
| birth | date        | YES  |     | NULL    |                |
+-------+-------------+------+-----+---------+----------------+
4 rows in set (0.012 sec)
```

图 4.13　查看数据表结构

由图 4.13 可知，列 age 位置变更到列 name 之后，但列名没有发生改变。

4.4.5　重命名表名

MariaDB 提供了重命名数据表名的方法，句法如下：

```
ALTER TABLE table_name
    RENAME TO new_table_name;
```

上面句法的详细描述如下。

① ALTER TABLE...RENAME TO...：修改表定义的关键字，表示更改名称。

② table_name：待修改的数据表名称。

③ new_table_name：更名后的新表名。

下面是将数据表 student 名称更名为 students 的示例：

```
ALTER TABLE student
    RENAME TO students;
```

运行以上语句后，结果如图 4.14 所示。

下面使用 SHOW tables 命令查看数据表：

```
SHOW tables;
```

运行以上语句后，结果如图 4.15 所示。

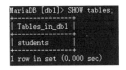

```
MariaDB [db1]> ALTER TABLE student
    -> RENAME TO students;
Query OK, 0 rows affected (0.297 sec)
```

图 4.14　更改数据表名称

```
MariaDB [db1]> SHOW tables;
+---------------+
| Tables_in_db1 |
+---------------+
| students      |
+---------------+
1 row in set (0.000 sec)
```

图 4.15　查看数据表

由图 4.15 可知，数据表 student 被更改为名称 students。

4.5　删除数据表

MariaDB 提供了删除数据表的方法，句法如下：

```
DROP TABLE table_name;
```

上面句法的详细描述如下。

① DROP TABLE：删除数据表的关键字。

② table_name：待删除的数据表名。

提示：待删除的数据表必须存在；否则会提示错误。

下面是删除数据表 student 的示例：

```
DROP TABLE students;
```

运行以上语句后，结果如图 4.16 所示。

接着，执行 SHOW tables 命令，查看数据表，如图 4.17 所示。

图 4.16　删除数据表示例

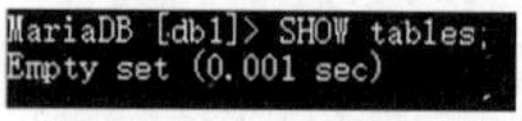

图 4.17　查看数据表

由图 4.17 可知，数据表 students 已被删除。

提示：如果是在命令提示符下执行上面的命令，则不会有任何提示，即使待删除的数据表中存在数据。生产环境下，删除数据表之前，一定要慎重。

删除数据表较完整的句法如下：

```
DROP [TEMPORARY] TABLE [IF EXISTS]
table_name1, table_name2, …
[RESTRICT|CASCADE];
```

上面句法的详细描述如下。

① TEMPORARY：关键字，可选，表示待删除的是临时数据表。

② IF EXISTS：关键字，可选，表示如果存在则删除；否则不会提示错误。

③ table_name1，table_name2：数据表名，表示该语句可同时删除多张数据表，数据表之间以逗号分隔。

④ RESTRICT | CASCADE：关键字，可选，可以简化从其他数据库系统的移植，在该删除语句中不起作用。

下面是一个删除临时表的示例：

```
DROP TEMPORARY TABLE IF EXISTS temp_student;
```

以上示例将删除一张临时表 temp_student，不存在该临时表时，也不会提示错误；但如果存在一张普通数据表，名称也是 temp_student，则不会删除该数据表。

4.6　复制创建表

在 MariaDB 中，创建数据表时，可采用复制已存在表的方式创建。采用复制表的方式有两种形式：一是复制表结构和指定数据；二是只复制表结构。

4.6.1　复制表结构和指定数据

复制表结构和指定数据进行创建新表的句法如下：

```
CREATE [OR REPLACE] [TEMPORARY] TABLE [IF NOT EXISTS]table_name
```

```
    select_statement
```
上面句法的详细描述如下。

① CREATE...TABLE...：创建数据表的关键字。
② OR REPLACE：关键字，可选，表示如果存在，则覆盖创建。
③ TEMPORARY：关键字，可选，表示创建临时表。
④ IF NOT EXISTS：关键字，可选，表示如果不存在时，则创建。
⑤ table_name：表示待创建的数据表名。
⑥ select_statement：表示一条查询数据表语句，可以是从单表或多表中进行查询。

下面创建一张数据表 student：

```
CREATE TABLE student (
    id int NOT NULL,
    name varchar(30),
    PRIMARY KEY (id)
);
```

运行结束后，结果如图 4.18 所示。

接着，运行下面语句，插入 3 条记录：

```
INSERT INTO `student`(`id`, `name`) VALUES (1, 'tom');
INSERT INTO `student`(`id`, `name`) VALUES (2, 'kitty');
INSERT INTO `student`(`id`, `name`) VALUES (3, 'bear');
```

运行完成后，下面采用查询数据表 student 方式创建新表 students：

```
CREATE table students
    SELECT * from student;
```

运行以上语句后，结果如图 4.19 所示。

图 4.18　创建数据表　　　　图 4.19　复制创建数据表

由图 4.19 可知，由于原表 student 中有 3 条记录，创建了新数据表 students，并复制其中的所有记录。接着，运行 DESC 命令查看 students 表结构：

```
DESC students;
```

运行以上语句后，结果如图 4.20 所示。

由图 4.20 可知，在原表 student 中，列 id 为关键字，但复制后的数据表 students 该列不再是关键字，但复制了所有的数据结构。

同时，使用 SELECT 命令查看数据表 students 中记录：

```
SELECT * from students;
```

运行结果如图 4.21 所示。

提示：由以上查询结果可知，采用复制表结构和指定数据创建新数据表方式，可以完全或只包含部分已有表的列信息，但是不能完全复制原表的主键等属性。

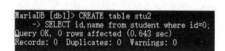
图 4.20 查看数据表 students 结构

图 4.21 SELECT 查询数据表 students 结果

4.6.2 只复制表结构

如果只复制表结构,即创建空数据表,可以采用下面两种方式。

(1)将创建复制表时的条件置为空,示例如下:

```
CREATE table stu2
SELECT id,name from student where id = 0;
```

运行以上语句后,结果如图 4.22 所示。

由图 4.22 可知,查询记录值为 0。以上创建数据表 stu2 时,在 SELECT 子句中使用了条件 where,使查询出记录为空,此时创建的数据表 stu2 只包含表结构及其定义,采用 DESC 命令查看 stu2 表:

```
DESC stu2;
```

运行以上语句后,结果如图 4.23 所示。

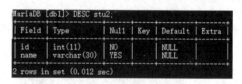

图 4.22 只复制表结构创建数据表　　　图 4.23 查看表 stu2 结果

同时,使用 SELECT 语句查看数据表 stu2 中记录:

```
SELECT * from stu2;
```

运行以上语句后,结果如图 4.24 所示。

图 4.24 查看数据表 stu2 记录

由图 4.24 可知,新创建的数据表 stu2 中记录为空。

(2)只复制数据表结构,其句法如下:

```
CREATE [OR REPLACE] [TEMPORARY] TABLE [IF NOT EXISTS]table_name
    LIKE old_table_name;
```

上面句法的详细描述如下。

① CREATE…TABLE…LIKE…:创建数据表的关键字,表示复制数据表的方式。

② table_name:表示新创建的数据表名。

③ old_table_name:待复制创建数据表结构的参考数据表。

提示：采用 LIKE 方式创建数据表，复制内容将包括列、索引和表选项。

下面是创建示例：

CREATE TABLE stu3 LIKE student;

运行以上语句后，结果如图 4.25 所示。

以上示例根据数据表 student 结构，创建新数据表 stu3，将包括主键、自增属性等。

接着，使用 DESC 命令查看数据表 stu3 结构：

DESC stu3;

运行以上语句后，结果如图 4.26 所示。

图 4.25　复制创建数据表

图 4.26　查看数据表 stu3 的结构

由图 4.26 可知，stu3 具有与数据表 student 相同的表结构。

由此可见，如果只需要复制数据表结构，采用第(2)种方式更具有优势，复制的表结构和原表结构相同；如果希望复制表结构的同时，还复制数据，则采用第(1)种方式。

4.7　使用图形界面操作

本节介绍在图形界面中操作数据表的方式，同样地，以在开源工具 HeidiSQL 中操作为例。

打开图形界面管理工具 HeidiSQL，在左侧需要创建数据表的数据库名称上右击，如图 4.27 所示。

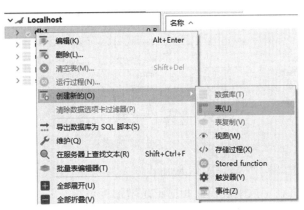

图 4.27　右击数据库名创建新表

选择快捷菜单中的"创建新的"→"表"选项，将在右侧主界面中打开创建新表的窗口，如图 4.28 所示。

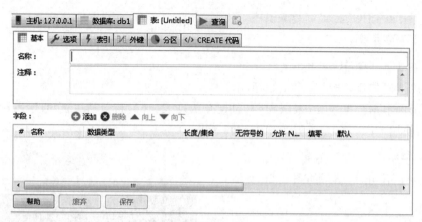

图 4.28　创建新表窗口

在该界面中，输入新创建数据表的名称，然后单击"添加"按钮，依次添加列，如图 4.29 所示。

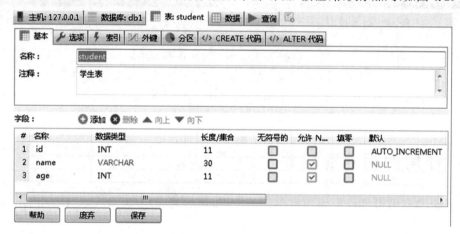

图 4.29　创建表 student

此时，创建数据表 student，确认无误后，单击"选项"选项卡，可设置新创建数据表的相关属性，包括自动增量、默认字符校对、平均记录行长度、引擎等属性，如图 4.30 所示。

图 4.30　"选项"选项卡

设置完成后，单击"索引"选项卡，可增加数据表的相关索引，如图 4.31 所示。

增加完索引后，将在字段列表前面相应记录增加标识符。

接着，单击"CREATE 代码"选项卡，可查看生成的 SQL 语句，如图 4.32 所示。

确认无误后，单击"保存"按钮，生成新表。

生成数据表后，在左侧 db1 数据库下将显示生成的数据表，单击该数据表 student，可对该数据表进行表属性编辑、数据编辑等操作，如图 4.33 所示。

图 4.31 创建索引

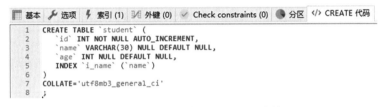

图 4.32 查看生成的 CREATE 语句

图 4.33 student 表编辑

由图 4.33 可知,左侧 student 处于选中状态,右侧将直接显示该数据表的定义,在该界面中,可直接编辑列属性,然后单击"保存"按钮,完成数据表属性编辑。

在该界面中,可单击"数据"选项卡,可对该数据表中的数据进行新增、编辑和删除等操作,如图 4.34 所示。

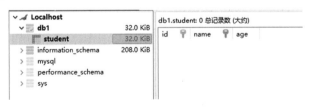

图 4.34 对数据表记录的操作

由此可知,通过图形化界面操作,可方便地完成对数据表结构、数据记录的操作,省去了对 SQL 语句的直接输入。

本章小结

本章首先介绍了数据表的基本操作,涉及知识点较多,包括数据表中的基本概念,即数据表中列属性等,数据表结构的创建、修改和删除等操作,以加深对 MariaDB 中操作数据表的理解。然后,介绍了图形界面工具创建数据表的简单应用。

第5章 数据操作

用户几乎每天都在与数据打交道,包括每天看手机、在线新闻、使用社交软件等,都是在和数据打交道,即软件所有操作最终都是为了数据。数据库中数据的操作包括增加、修改、删除和查询操作。在前面章节中,只介绍数据表的基本操作,本章将详细介绍 MariaDB 数据库中数据的相关操作,包括数据表中记录的插入、检索、更新、删除等内容。

5.1 插入数据

在 MariaDB 数据库中创建数据表后,就可以在其中插入数据,MariaDB 提供了 4 种插入数据的方式,包括:

① INSERT…VALUES…。
② INSERT…SET…。
③ INSERT…VALUES…SELECT…FROM…。
④ 复制插入(见前面数据表操作章节的介绍)。
下面分别详细介绍。

5.1.1 INSERT…VALUES…

INSERT…VALUES… 用于将单条或多条记录插入数据表中,句法如下:

```
INSERT INTO table_name
    (column1, column2,... )
VALUES
    [(expression1, expression2, ... )
    [, (expression1, expression2,... )]
    ...];
```

上面句法的详细描述如下。

① INSERT INTO…VALUES…:表示插入数据的关键字。

② table_name：表示待插入数据的数据表名。

③ (column1，column2，…)：表示待插入数据的列名，可以是单列或多列，列之间以逗号分隔，所有列外面以括号括起。

④ (expression1，expression2，…)：待插入数据列的数值（值或表达式，下同），需和前面数据列对应，即 expression1 对应 column1、expression2 对应 column2 等，待插入一行记录值外面以括号括起，如果要同时插入多行记录，则多行记录值之间以逗号分隔。

下面是数据表 student 的定义：

```
CREATE TABLE `student` (
    `id` int(11) NOT NULL,
    `name` varchar(30) DEFAULT NULL COMMENT 'xm',
    `age` int(10) DEFAULT 10 COMMENT 'nl',
    PRIMARY KEY (`id`)
);
```

运行以上语句后，下面是插入数据表 student 记录的示例：

```
INSERT INTO student
    (`id`,`name`,`age`)
VALUES
    (1,'tom',10),
    (2,'kitty',12);
```

运行以上 INSERT 语句后，将在数据表 student 中插入两条记录，如图 5.1 所示。

图 5.1　插入记录示例

提示：如果数据表定义的主键为自增列，则在插入语句中，该列可以省略；使用 INSERT 语句将记录插入数据表中时，必须为每个 NOT NULL 列提供一个值；如果某列允许使用 NULL 值，则在 INSERT 语句中也可以忽略该列。

5.1.2　INSERT…SET…

INSERT…SET…语句用于直接将列值赋给数据表中对应数据列，句法如下：

```
INSERT INTO table_name SET
    column1 = expression1
    [,column2 = expression2, … ];
```

上面句法的详细描述如下。

① INSERT INTO…SET…：插入数据的关键字。

② table_name：待插入数据的表名。

③ column1、column2：待插入数据的列名。

④ expression1、expression2：待插入列 column1、column2 对应的列值，列和列值之间是赋值号=，表示将值 expression1、expression2 赋给列 column1、column2。

提示：如果在该语句中，需要同时插入多列的值，则每个赋值等式间以逗号分隔；如果列被定义为 not NULL，并且没有初始值时，必须在该语句中赋值该列；对于未赋值的列，列值会指定为该列的默认值。

下面是插入记录的简单示例：

```
INSERT INTO student
SET
    `id` = 3,
    `name` = 'Marry',
    `age` = 15;
```

运行以上语句后，结果如图 5.2 所示。

由图 5.2 可知，在数据表 student 中插入了一条记录。

同时，由该示例可知，使用 INSERT…SET…语句插入记录时，一次只能插入一条记录。

图 5.2　插入记录

5.1.3　INSERT…VALUES…SELECT…FROM…

INSERT…VALUES…SELECT…FROM…语句用于从一张或多张数据表中取出数据，将这些数据作为记录值插入指定数据表的指定列中，句法如下：

```
INSERT INTO table_name
    (column1, column2,… )
    SELECT expression1, expression2, …
    FROM source_table
    [WHERE conditions];
```

上面句法的详细描述如下。

① INSERT INTO：插入数据的关键字。

② table_name：待插入数据的表名。

③ (column1，column2，…)：待插入数据的列，可以是单列或多列，列之间以逗号分隔，所有列外面以括号括起。

④ SELECT：查询子句的关键字，表示查询的开始。

⑤ expression1，expression2，…：查询的列表达式，可以是列或是表达式，需对应前面的列 column1，column2…。

⑥ WHERE 子句：可选，查询条件，该子句缺省时，则查询全部记录。

下面创建一张数据表 student2：

```
CREATE TABLE `student2` (
    `id`int(11) NOT NULL,
    `name` varchar(30),
    PRIMARY KEY (`id`)
);
```

运行以上创建语句后，接着执行下面的插入语句，在其中插入从数据表 student 来的数据：

```
INSERT INTO student2
    (`id`,`name`)
SELECT
    `id`,`name`
FROM student;
```

运行结束后,结果如图 5.3 所示。

由图 5.3 可知,在表 student2 中插入了来自数据表 student 的 3 条记录,通过 SELECT 语句查看数据表 student2 如图 5.4 所示。

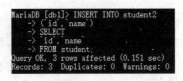
图 5.3　插入数据

图 5.4　查看数据表 student2

由此可知,通过 INSERT…VALUES…SELECT…FROM…语句,可以快速插入来自其他数据表的记录。

下面是使用条件查询插入数据示例:

```
INSERT INTO student2
    (`id`,`name`)
SELECT
    `id`,`name`
FROM student
WHERE id>2;
```

在上面的示例中,通过条件 WHERE 查询 id>2 的方式,获得数据表 student 中列 id 和列 name 的值,插入到数据表 student2 中。

5.2　数据更新

数据更新的目的是,将数据表中已存在的数据按照一定条件进行更新。在 MariaDB 中,更新数据使用 UPDATE 语句,句法如下:

```
UPDATE table_name
    SET column1 = value1,
    column2 = value2,
    …
[WHERE search_condition]
[ORDER BY]
[LIMIT];
```

上面句法的详细描述如下。

① UPDATE…SET…:更新语句的关键字。

② table_name:待更新数据的表名。

③ column1、column2、…:待更新的列。

④ value1、value2、…:待更新的值,将 value1、value2、…赋值给 column1、column2、…,之间使用等号=隔开;如果一次性更新多列,则等式之间以逗号分隔。

⑤ WHERE search_condition:可选,WHERE 关键字,search_condition 查询条件,如果缺省,则更新记录可由 ORDER BY 和 LIMIT 两个子句限定。

⑥ ORDER BY：可选，用于限定表中的行被修改的次序。

⑦ LIMIT：可选，用于限定被修改的行数。

采用下面语句创建一张简单数据表 student：

```
CREATE TABLE `student` (
    `id` INT(11) NOT NULL AUTO_INCREMENT,
    `name` VARCHAR(30) NOT NULL,
    `age` INT(11),
    INDEX `id` (`id`) USING BTREE
);
```

采用下面语句在数据表 student 中插入两条记录：

```
INSERT INTO `db1`.`student` (`name`, `age`) VALUES ('tom', 12);
INSERT INTO `db1`.`student` (`name`, `age`) VALUES ('kitty', 11);
```

查询数据表 student 记录如图 5.5 所示。

采用 UPDATE 语句更新 id＝1 的记录：

```
UPDATE `student` SET `name` = 'nana' WHERE `id` = 1;
```

在上面更新语句中，更新 id 为 1 的记录中列 name 的值为 'nana'，其中，WHERE 子句即为更新条件；否则，将更新全部记录。

运行完以上更新操作后，查询数据表 student 记录，如图 5.6 所示。

图 5.5　查询数据表 student 记录　　　　图 5.6　查看更新后的记录

由图 5.6 可知，id＝1 的记录中，列 name 的值发生了变化。

提示：UPDATE 语句用于更新记录，一般建议加上限定条件；否则会更新整个数据表，以避免造成不可挽回的损失。

5.3　数据删除

删除数据表中记录的句法如下：

```
DELETE FROM table_name
    [WHERE search_condition]
    [ORDER BY]
    [LIMIT]
```

上面句法的详细描述如下。

① DELETE FROM：删除语句的关键字。

② table_name：待删除记录的数据表名。

③ WHERE search_condition：可选，WHERE 为关键字，search_condition 为查询条

件，如果缺省，则删除记录可能由 ORDER BY 和 LIMIT 两个子句限定。

④ ORDER BY：可选，表中各行将按照子句中指定的顺序进行删除。

⑤ LIMIT：可选，在控制命令被返回到客户端前被删除行的最大值。

下面是删除记录示例：

```
DELETE FROM `student` WHERE id = 2;
```

在上面的删除示例中，根据查询条件，删除数据表 student 中列 id 值为 2 的记录。删除过程如图 5.7 所示。

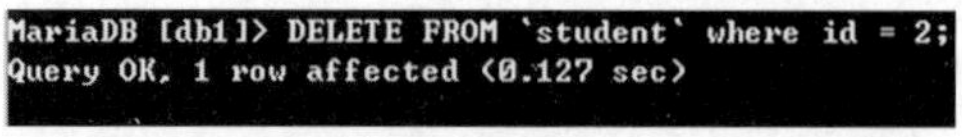

```
MariaDB [db1]> DELETE FROM `student` where id = 2;
Query OK, 1 row affected (0.127 sec)
```

图 5.7 删除记录

删除数据表中所有记录，使用下面的删除语句：

```
DELETE FROM `student`;
```

提示：如果删除数据表中所有的记录，还可以采用下面的删除句法：

```
TRUNCATE [TABLE] table_name;
```

上面句法的详细描述如下。

① TRUNCATE：删除所有行的关键字。

② [TABLE]：可选，关键字。

③ table_name：待删除全部记录的数据表。

下面是采用 TRUNCATE 语句删除数据表 student 中所有记录的示例：

```
TRUNCATE student;
```

提示：采用该语句删除数据表所有记录更加高效，该语句实际是删除并重新创建数据表的操作，减少了写入日志的开销；如果数据表中有自增长列，则该列的起始值也将被重置为 1。

5.4 查询数据

MariaDB 查询数据的基本句法如下：

```
SELECT expressions
FROM table_names
[WHERE conditions];
```

上面句法的详细描述如下。

① SELECT...FROM...：查询命令的关键字。

② expressions：检索的列或计算式，如果选择所有列，可使用 * 代替。

③ table_names：待检索数据的表，为一张或多张数据表。

④ WHERE conditions：可选，选择记录必须满足的条件，默认选择全部记录。

例如，下面是检索数据表 student 中所有记录的语句：

```
SELECT * from student;
```

运行结果如图 5.8 所示。

由图 5.8 可知,检索出的是前面插入的两条记录。

下面是 MariaDB 中 SELECT 语句的详细句法:

```
SELECT [ALL |DISTINCT]
    expressions
FROM table_names
[WHERE conditions]
[GROUP BY expressions]
[HAVING condition]
[ORDER BY expression [ASC |DESC]]
[LIMIT [offset_value] number_rows | LIMIT number_rows OFFSET offset_value]
[PROCEDURE procedure_name]
[INTO [ OUTFILE 'file_name' options
    | DUMPFILE 'file_name'
    | @variable1, @variable2, ... @variable_n]
[FOR UPDATE | LOCK IN SHARE MODE];
```

图 5.8 SELECT 语句查询结果

在上面的句法中,重要参数描述如表 5.1 所示。

表 5.1 SELECT 参数描述

序号	参　数	描　述
1	ALL	可选,返回所有匹配的行
2	DISTINCT	可选,从结果集中删除重复项
3	GROUP BY expressions	可选,它跨多个记录收集数据,并将结果按一列或多列分组
4	HAVING condition	可选,与 GROUP BY 结合使用,以将返回行的组限制为仅条件为 TRUE 的行
5	ORDER BY expression	可选,用于对结果集中的记录进行排序
6	LIMIT	可选,控制要检索的最大记录数
7	PROCEDURE	可选,提供处理结果集中数据的过程的名称
8	INTO	可选,允许将结果集写入文件或变量
9	FOR UPDATE	可选,受查询影响的记录被写锁定,直到事务完成
10	LOCK IN SHARE MODE	可选,受查询影响的记录可以被其他事务使用,但是不能被那些其他事务更新或删除

例如,查询数据表 student 中某些列,命令如下:

```
SELECT name FROM student;
```

查询满足一定条件的所有记录,命令如下:

```
SELECT name FROM student where id > 1;
```

以上只介绍了简单的 SELECT 查询方式,下面将详细描述。

5.5 数据检索

在 MariaDB 关系数据库中,数据存储的方式是采用二维表形式,如表 5.2 所示。

表 5.2　数据存储示例

记录	*Column1	Column2	...	ColumnN
Record1	Val11	Val12	...	Val1N
Record2	Val21	Val22	...	Val2N
⋮	⋮	⋮	⋮	⋮
RecordM	ValM1	ValM2	...	ValMN

表 5.2 形象地表示了 MariaDB 中数据表的存储方式，第一行 Column 表示数据表中列，第一列 Record 表示数据表中行，1...n 表示数字序列，*表示关键字。

提示：尽管关键字在数据表中不是必需的，但一般建议数据表中需要有关键字，关键字可以由 1 列或多列组成。

数据存储的目的是随时能查询出指定条件的数据，比如只需要查询某几列数据，而不是一次取出数据表中全部列的数据，示例如下：

SELECT Column1, Column2, Column5 FROM table1;

以上查询语句将从数据表 table1 中查询其中 3 列数据。下面是稍微复杂示例，业务模型如图 5.9 所示。

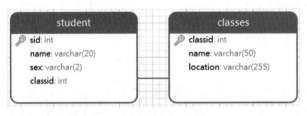

图 5.9　示例表

图 5.9 所示为两张数据表，数据表 student 表示存储学生基本信息，数据表 classes 表示存储班级信息，其中一个学生只属于一个班级，关联关系为 student 表中 classid 指向 classes 数据表的关键字 classid。

以上表示方式是，一个班级有多个学生，但一个学生只属于一个班级。如果只用一张数据表来表示，则班级信息会在 student 表中重复出现多次。那么，在设计时，需要将重复数据单独存储在一张数据表中，比如班级信息会很多，但没必要在每个学生记录中都重复出现，此时，只需要在学生数据表中记录班级关键字即可。

这就是以上两张数据表的关系，那么查询学生及其所在班级信息的 SQL 语句示例如下：

```
SELECT s.sid, s.name, s.sex, c.name AS classname
FROM
    student s,
    classes c
WHERE
    s.classid = c.clsssid
    AND s.sid < 10
```

以上 SQL 语句中同时查询了两张数据表，其中重要的是列的别名、表的别名以及在 WHERE 子句中查询条件如何关联两张数据表。

列的别名用于,如果查询的列中出现了重复的列名时,可以采用 AS 方式,将查询后的列名进行重命名。

数据表的别名用于在查询时简化书写,比如在书写查询某数据表中列时,需运用点运算符,即采用"数据表.列名"方式进行查询;WHERE 子句表示查询条件:s. classid = c. clsssid 很重要,指示查询学生数据表中列 classid 和班级数据表中 clsssid 相同的班级,AND 表示与条件,s. sid < 10 表示只查找学生数据表中 sid < 10 的学生。

在检索中,为了查询所需数据,MariaDB 数据库提供多种方式,如支持 SQL 中的 LIKE、ORDER BY、LIMIT 等关键字,下面分别进行介绍。

5.5.1 LIKE

LIKE 关键字用在 WHERE 子句,作用是匹配指定字符。

在 MariaDB 中,LIKE 关键字可用在 SELECT、INSERT、UPDATE 或 DELETE 语句中。比如,SELECT 中使用句法如下:

```
SELECT expressions
FROM table_names
WHERE expression
    LIKE pattern
```

上面句法的详细描述如下。

① expressions:查询表达式,可以是具体列名、表达式,或用符号 * 表示数据表中所有列。

② table_names:待查询的数据表,可以是单张数据表或是多张数据表,数据表之间以符号逗号","分隔。

③ expression:查询条件表达式。

④ pattern:表示匹配方式,其中的通配符有以下两种形式。

  ➢ %:表示匹配任何长度(包括零长度)的任何字符串。

  ➢ _:表示匹配单个字符。

下面是查询数据表 student 中满足列 name 匹配以字符串 key 开头的所有记录的示例:

```
SELECT sid, name
FROM student
WHERE name LIKE 'key%'
```

下面是查询数据表 student 中满足列 name 匹配 key 开头,第 4 个字符任意,最后以 d 结尾的所有记录的示例:

```
SELECT sid, name
FROM student
WHERE name LIKE 'key_d'
```

如果使用 LIKE 关键字时,在匹配字符串中没有使用任何通配符,则 LIKE 关键字等同于符号"=",即表示全等于。

查询不包含指定字符时,需配合使用关键字 NOT,示例如下:

```
SELECT sid, name
```

```
FROM student
WHERE name NOT LIKE 'key%'
```

以上查询语句查询数据表 student 中满足列 name 不以 key 开头的所有记录。

如果查询字符中包含通配符%或_时,此时需要用到转义符,以使 MariaDB 数据库查询引擎将这两个字符作为普通字符对待。在 MariaDB 中,默认通配符为斜杠"\"符号。示例如下:

```
SELECT sid, name
FROM student
WHERE name LIKE 'key%\%'
```

上面的语句中,第一个%表示通配符,匹配任意字符;第二个字符%表示普通字符,即表示以%结尾。

在 INSERT、UPDATE 或 DELETE 语句中使用 LIKE 语句的方法同上。

5.5.2 ORDER BY

ORDER BY 子句用于在查询中的结果排序,支持两种排序方式,即升序和降序。下面是使用句法:

```
SELECT expressions
    FROM table_names
    ORDER BY expression [ASC | DESC]
```

上面句法的详细描述如下。

① ORDER BY:排序关键字。

② expression:排序表达式。

③ ASC:升序关键字,可选。

④ DESC:降序关键字,可选。

提示:在 ORDER BY 子句中,可以同时有多个排序表达式,表达式之间以逗号分隔,如果省略 ASC 或 DESC 时,则默认为升序排序方式。

下面是简单示例:

```
SELECT sid, name
FROM student
ORDER BY name ASC
```

上面示例中,查询数据表 student 中所有记录,结果以列 name 升序方式排序;降序排序方式示例如下:

```
SELECT sid, name
FROM student
WHERE name like 'key%'
ORDER BY sid DESC
```

上面示例中,查询数据表 student 中列 name 以 key 开头的所有记录,结果集以列 sid 降序方式排序。

下面是一个多数据表复合查询示例:

```
SELECT s.sid, s.name, c.name AS classname
FROM student s, classes c
WHERE s.classid = c.classid
ORDER BY c.name ASC,
    s.name DESC
```

上面的示例复合查询数据表 student 和 classes 中相关列,结果集以班级名称升序,同时学生姓名降序方式排序。

5.5.3　LIMIT

LIMIT 表示限制,可用在 SELECT、DELETE 语句中。

LIMIT 用在 SELECT 语句中时,表示查询限制;用在 DELETE 语句中时,表示删除指定数的记录。

在实际应用中,LIMIT 用在 SELECT 语句中时较多,常见应用是将查询记录分页显示。使用基本句法如下:

```
SELECT expressions
FROM tables
LIMIT condition;
```

以上句法中,LIMIT condition 子句表示查询限制,condition 表示如下:

[offset,] rows:第一个参数 offset 表示偏移量,可选;第二个参数 rows 表示一次查询出最大记录数。当偏移量为 0 时,表示检索前 rows 行记录,比如:

LIMIT 100 等同于 LIMIT 0, 100

下面是查询示例:

```
SELECT * FROM student
    LIMIT 2
```

以上查询返回数据表 student 的前两行记录。

```
SELECT * FROM student
LIMIT 2,1
```

以上查询返回数据表 student 的第 3 行记录。

如果 LIMIT 和 WHERE、ORDER BY 子句共同使用时,LIMIT 子句将放到最后,示例如下:

```
SELECT * FROM student
WHERE name like 'key%'
ORDER BY name
LIMIT 2,10
```

以上示例中,同时使用了 WHERE、ORDER BY 和 LIMIT 子句。在实际应用中,这种形式应用最多。

5.5.4　DISTINCT

在查询中,有时只想取出数据表中指定列的不同值,如学生数据表中有生日字段,现在需要查询学生表中该字段的不同值。此时,就需要在 SELECT 语句中使用 DISTINCT 关键字。

在MariaDB数据库中,支持SELECT语句中使用DISTINCT关键字查询指定列的不同值并返回,句法如下:

```
SELECT DISTINCT expression
FROM table_name
[WHERE conditions];
```

上面句法的详细描述如下。

① DISTINCT:去掉重复值的关键字。

② expression:列名组合,可以是单列或多列,如果是多列,之间用逗号分隔。

③ WHERE conditions:可选项,查询条件。

提示:expression如果是多列,则查询是复合列的去重;在MariaDB中,DISTINCT子句不会忽略NULL值,即结果集将包括NULL作为唯一值。

以下是简单示例:

```
SELECT DISTINCT `name`
FROM student;
```

以上示例中,从student表中查询列name,并去掉重复值。下面是查询复合列去重示例:

```
SELECT DISTINCT `name`, `classid`
FROM student
```

以上示例中,从student表中查询列name和classid,并返回该组合的不同值。

5.5.5 GROUP BY

在MariaDB中,GROUP BY关键字用在SELECT语句中,用于为查询结果按照指定条件分组。基本句法如下:

```
SELECT expressions1
FROM tables
GROUP BY expressions2;
```

上面句法的详细描述如下。

① expressions1:查询列或查询表达式,如果查询多列或与表达式的组合时,之间以逗号分隔。

② GROUP BY:分组查询关键字。

③ expressions2:分组依据,列或查询表达式。

分组查询常用在统计查询或分析中,比如查询各个班级中有多少学生,此时需要用GROUP BY关键字分组快速统计,示例如下:

```
SELECT classid,count(classid) AS "CT"
FROM student
GROUP BY classid
```

以上示例中,以列classid作为分组依据,在数据表student中查询classid和count

（classid）。如果在该语句中同时使用条件查询,示例如下：

```
SELECT classid,count(classid) AS "CT"
FROM student
WHERE sid < 100
GROUP BY classid
```

以上示例中,在数据表 student 中,需要按学号 sid < 100 统计汇总。关于数据表的聚合函数,将在第 7 章介绍。

5.5.6 INNER JOIN

在查询 SQL 中,提供了 JOIN 操作,用于两张数据表之间的操作。在 MariaDB 中,支持以下 3 种 JOIN 操作：

① INNER JOIN（内连接）；
② LEFT JOIN（左连接）；
③ RIGHT JOIN（右连接）。

本节介绍 INNER JOIN（内连接）。

INNER JOIN（内连接）用图表示可以直观表达,如图 5.10 所示。

当两个表进行内连接时,将返回它们的交集,即图示中阴影部分。

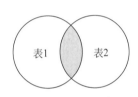

图 5.10　内连接

在 MariaDB 中,内连接的句法如下：

```
SELECT expressions
    FROM table_name
    INNER JOIN table_name2
    ON condition;
```

上面句法的详细描述如下。

① expressions：表示查询列集合。
② table_name：表示查询第一张数据表。
③ INNER JOIN…ON…：内连接关键字。
④ table_name2：表示内连接第二张数据表。
⑤ condition：连接条件。

示例如下：

```
SELECT s.sid,s.name,c.name as classname,c.location
    FROM student s
    INNER JOIN classes c
    ON s.classid = c.classid;
```

以上内连接查询等同于以下查询语句：

```
SELECT s.sid,s.name,c.name as classname,c.location
    FROM student s,
        classes c
    WHERE s.classid = c.classid;
```

以上查询示例详细描述如下。

① 在数据表 student 中有 3 行记录,如表 5.3 所示。

表 5.3 表 student 内容

sid	name	sex	classid
1	tom	男	1
2	kitty	女	2
3	mima	男	

② 数据表 classes 中有 3 行记录,如表 5.4 所示。

表 5.4 表 classes 内容

classid	name	location
1	一班	教学 1 楼
2	二班	教学 2 楼
3	三班	教学 2 楼

③ 使用上面的内连接查询后的结果如表 5.5 所示。

表 5.5 查询结果内容

sid	name	classname	location
1	tom	一班	教学 1 楼
2	kitty	二班	教学 2 楼

查询结果中,只有 2 行记录,即只有 2 行记录满足查询条件 s.classid = c.classid,表 student 中第 3 行记录的列 classid 为空,不能匹配查询条件,故采用内连接方式,在查询结果中将忽略该行记录。

5.5.7 OUTER JOIN

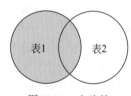

图 5.11 左连接

OUTER JON 包括 LEFT JOIN(左连接)、RIGHT JOIN(右连接)和全外连接。MariaDB 支持 LEFT JOIN(左连接)、RIGHT JOIN(右连接)。下面分别介绍。

LEFT JOIN(左连接)用图表示如图 5.11 所示。当两个表进行左连接时,将返回左边数据表中全部记录,并返回另一张表中和连接相等的记录,即图示中阴影部分。

左连接的句法如下:

```
SELECT expressions
    FROM table_name
    LEFT [OUTER] JOIN table_name2
    ON condition;
```

上面句法的详细描述如下。

① expressions:表示查询列或表达式集合,之间以逗号分隔。

② table_name:表示查询第 1 张数据表。

③ LEFT [OUTER] JOIN...ON...：左连接关键字，关键字 OUTER 可省略。

④ table_name2：左连接第 2 张数据表。

⑤ condition：连接条件。

左连接查询示例如下：

```
SELECT s.sid,s.name,c.name as classname,c.location
    FROM student s
    LEFT JOIN classes c
    ON s.classid = c.classid;
```

同样以学生数据表和班级数据表联合左连接查询为例，查询结果如表 5.6 所示。

表 5.6　查询结果

sid	name	classname	location
1	tom	一班	教学 1 楼
2	kitty	二班	教学 2 楼
3	mima		

表 5.6 中查询结果得到所有学生表信息，其中第 3 行记录中，班级信息为空。

提示：左连接查询以第一张数据表为主，通过连接条件查询第二张数据表，如果满足连接条件则返回结果；否则忽略第二张数据表中记录，即表 5.6 所示的第 3 条记录，班级信息为空。

RIGHT JOIN（右连接）用图表示如图 5.12 所示。当两个表进行右连接时，将返回右边数据表中全部记录，并返回另一张表中和连接条件相符的记录，即图示中阴影部分。

图 5.12　右连接

右连接的句法如下：

```
SELECT expressions
    FROM table_name
    RIGHT [OUTER] JOIN table_name2
    ON condition;
```

上面句法的详细描述如下。

① expressions：表示查询列或表达式集合，之间以逗号分隔。

② table_name：表示查询第 1 张数据表。

③ RIGHT [OUTER] JOIN...ON...：右连接关键字，关键字 OUTER 可省略。

④ table_name2：右连接第 2 张数据表。

⑤ condition：连接条件。

在实际应用中，右连接可转为左连接使用，一般建议使用左连接操作，减少右连接的使用。

5.5.8　UNION

MariaDB 支持 UNION 和 UNION ALL 操作，这两个操作用于合并查询结果集，区别在于以下两点。

① UNION：合并后的结果集将删除重复记录。

② UNION ALL：完全合并，不删除重复记录。

UNION 操作的句法如下：

```
SELECT expressions
    FROM table_name
UNION [DISTINCT]
    SELECT expressions2
    FROM table_name2
```

上面句法的详细描述如下。

① expressions：表示查询出的列或计算集合。

② table_name：至少包含一张数据表的表列。

③ UNION [DISTINCT]：UNION 操作关键字，DISTINCT 关键字可以忽略。

④ expressions2：表示查询出的列或计算集合。

⑤ table_name2：至少包含一张数据表的表列。

提示：查询结果集的列名显示以 expressions 中列名为主；expressions 和 expressions2 的列数目必须相同。

UNION ALL 操作的句法如下：

```
SELECT expressions
FROM table_name
UNION ALL
SELECT expressions2
FROM table_name2
```

UNION ALL 操作的句法和 UNION 操作的句法基本相似，在句法上的区别在于连接两个查询的关键字不同，UNION ALL 操作连接关键字为 UNION ALL，而 UNION 操作连接关键字为 UNION [DISTINCT]。

在查询结果上的区别在于 UNION 操作删除重复项；而 UNION ALL 操作将只合并查询结果集，不对结果集做二次操作：删除重复项。在查询效率上的区别，UNION ALL 操作效率更高。

假设数据表 student 中有 3 行记录，如表 5.7 所示。

表 5.7 表 student 内容

sid	name	sex	classid
1	tom	男	1
2	kitty	女	2
3	mima	男	

同时，有一张和数据表 student 相同列定义的数据表 student2，主键同样为 sid，如表 5.8 所示。

表 5.8 表 student2 内容

sid	name	sex	classid
3	mima	男	1
4	Nubay	女	2

下面是采用 UNION 查询表 5.7 和表 5.8,合并结果的语句:

```
SELECT id,name FROM student
    UNION
    SELECT id,name FROM student2;
```

以上查询合并操作结果如表 5.9 所示。

表 5.9 UNION 查询操作结果

sid	name
1	tom
2	kitty
3	mima
4	Nubay

由表 5.9 可知,采用 UNION 操作后的结果删除了其中重复项。

下面是采用 UNION ALL 查询表 5.7 和表 5.8,合并结果的语句:

```
SELECT id,name FROM student
    UNION ALL
    SELECT id,name FROM student2;
```

以上查询合并操作结果如表 5.10 所示。

表 5.10 UNION ALL 查询操作结果

sid	name
1	tom
2	kitty
3	mima
3	mima
4	Nubay

由表 5.10 可知,采用 UNION ALL 操作,查询数据表后的结果不去重复,将列出所有列的内容。

5.5.9 IN

IN 条件用于 WHERE 子句中,用于减少 OR 条件的书写另一种方式。IN 条件的句法如下:

```
SELECT expressions
    FROM table_names
    WHERE
    expression2 IN (value1, value2, ....);
```

上面句法的详细描述如下。

① expression2:用于要比较的列名或表达式。

② value1,value2,…:和 expression2 比较的值,多值间以逗号分隔,所有值的外面以括号括起。

③ IN:expression2 是否等于 value1,value2,…的值。

如果换成 OR 条件,则以上条件可表达为:

```
expression2 = value1
OR expression2 = value2
OR expression2 = value3
...
```

下面是使用 IN 条件示例:

```
SELECT sid, name FROM
student
WHERE sid IN (1,5,7);
```

以上查询数据表 student 中,sid 为 1,5 和 7 的记录。IN 条件和 NOT 共同使用,表示不在其中的意思,示例如下:

```
SELECT sid, name FROM
student
WHERE sid NOT IN (1,5,7);
```

以上查询,找到 sid 不等于 1,5 和 7 的所有记录。

5.5.10　BETWEEN

BETWEEN 条件用于 WHERE 子句中,表示查询值在一个指定范围内。BETWEEN 条件的句法如下:

```
SELECT expressions
    FROM table_names
    WHERE
    expression2 BETWEEN value1 AND value2
```

上面句法的详细描述如下。

① expression2:用于要比较的列名或表达式。

② value1 AND value2:要比较的范围值的最小值和最大值。

提示:BETWEEN 条件换种方式,可理解为下面的表达式:

```
expression2 >= value1 AND expression2 <= value2
```

下面是查询示例:

```
SELECT sid, name FROM
student
WHERE sid BETWEEN 1 and 10
```

在上面示例中,查找列 sid 的值在 1~10 的所有记录。BETWEEN 可以和 NOT 共同使用,表示不在之间范围的意思,示例如下:

```
SELECT sid, name FROM
student
WHERE sid NOT BETWEEN 3 and 10
```

以上示例中,查找列 sid 的值不在 3~10 的所有记录。

本章小结

本章介绍在 MariaDB 中数据操作的常规方法，包括数据的更新和删除操作，至此，介绍完数据表中关于数据的增加、删除和更新操作。在实际应用系统中，对于数据表中数据的更多操作是查询操作，MariaDB 提供了丰富的查询语句和方法，可以便捷地帮助开发人员查询所需要的数据，这是本章介绍的重点。在一般的信息系统中，依据二八原则，80％的操作是对当前数据表中数据的查询操作，比如用户到银行查询当前账户余额、历史记录等。MariaDB 提供了数据分页查询方法、排序方法等。本章内容很重要，需要在阅读时结合实操，以加快内容的消化吸收。

第6章 索引与外键

本章介绍 MariaDB 数据库中的索引部分。索引的一个重要目的是加快检索。作为一个典型的关系数据库,这部分内容是必不可少的。

6.1 索引介绍

索引是 MariaDB 数据库的重要组成部分,用于查询时快速检索相应记录。数据库检索主要有两种方式:一种是顺序检索;另一种是索引方式检索。

当数据表中数据量较小时,可以采用顺序检索,则从第 1 条记录开始读取,访问完成整张数据表,获得需要查找的记录。随着数据量的不断增大,访问整张数据表的时间代价非常大,查询时间将急剧增加,以至用户无法忍受。

索引本身也是一种数据结构,包含对数据表里所有记录的相应字段的引用指针。一个形象的例子是字典,比如按照拼音查找,只有在拼音目录查找到相应页码,然后定位到指定页面,才可加快字典的查找,索引即是这个作用,加快记录的检索;字典可用拼音或偏旁的方式进行检索,同样地,索引也是可以由不同字段事先建立索引,在查询中如果涉及建立索引的字段,则可加快检索。

索引用在查询语句的 WHERE 子句,索引需要维护单独的内容,为了加快检索速度,更常见的是优化查询,则需要给 WHERE 子句相应字段建立适合的索引。尽管合理的索引能提高检索效率,但为了维护索引,在新增、更新等操作时,速度会相应较慢,因为其也要维护索引内容,即索引的目的是以空间换取时间。

MariaDB 索引可分为单列索引、复合索引等。下面分别进行介绍。

6.2 创建索引

在 MariaDB 数据库中,创建一般索引有 3 种方式。

6.2.1　CREATE TABLE 创建索引

一是在创建数据表时创建,基本句法如下:

```
CREATE TABLE table_name (
    column_name column_type
    [,column_name column_type [,column_name column_type]...]
    INDEX index_name [USING BTREE | HASH]
    (index_column1 [(length)] [ASC | DESC]
       [,index_column2 [(length)] [ASC | DESC]]...)
       [,INDEX index_name ...]
);
```

上面句法的详细描述如下。

① INDEX:创建索引的关键字。

② index_name:创建索引的自定义名称。

③ USING BTREE | HASH:可选,创建索引的存储方式,默认为 BTREE 方式,也可指定为 HASH 方式。

④ index_column1:指定创建索引的列。

⑤ length:可选,如果指定,则仅索引列的指定最大长前缀,而不索引整个列。

⑥ ASC | DESC:可选,指定该列索引排序方式,默认为 ASC。

提示:以上创建方式中,可在创建数据表时,同时创建多个索引,各个索引都以 INDEX 关键字开头,索引之间以逗号分隔。同时,在一个索引中,可创建复合索引,即以多列共同创建索引,多列之间以逗号分隔。

以上创建索引的方式是在创建数据表时,规划并创建完成索引。创建索引的目的是加快检索速度。但很多时候,并不能从一开始就确定需要创建索引的列,也不明确如何创建索引。只有在数据表创建完成后,通过实际使用,才能逐步优化和创建需要的索引。

6.2.2　CREATE INDEX 语句

第 2 种创建索引的方式是使用创建索引语句创建索引,其基本句法如下:

```
CREATE [UNIQUE | FULLTEXT | SPATIAL] INDEX index_name
    [USING BTREE |HASH]
    ON table_name
    (index_column1 [(length)] [ASC | DESC]
       [,index_column2 [(length)] [ASC | DESC]...]
    )
```

上面句法的详细描述如下。

① CREATE INDEX...ON...:创建索引的关键字。

② UNIQUE | FULLTEXT | SPATIAL:可选,创建索引的 3 种类型,默认为 UNIQUE。

③ index_name:创建索引的自定义名称。

④ USING BTREE | HASH:可选,创建索引的存储方式,默认为 BTREE 方式。

⑤ table_name：待创建索引的数据表名。

⑥ index_column1、index_column2、…：指定创建索引的单列或多列,多列之间以逗号分隔。

⑦ length：可选,如果指定,则仅索引列的指定最大前缀,而不索引整列。

⑧ ASC｜DESC：可选,指定该列索引排序方式。

6.2.3 ALTER TALBE…ADD…INDEX…方式

第 3 种创建索引方式,是在数据表已存在的情况下,采用 ALTER TALBE…ADD…INDEX…语句,句法如下：

```
ALTER TALBE table_name ADD [unique | fulltext | spatial]
    INDEX index_name [USING BTREE | HASH]
    (index_column1 [(length)] [ASC | DESC]
      [,index_column2 [(length)] [ASC | DESC]...]
    )
```

上面句法的详细描述如下。

① ALTER TALBE … ADD … INDEX…：给已存在数据表增加索引的关键字。

② table_name：数据表名。

③ index_name：待创建的索引名称。

④ index_column1、index_column2、…：指定创建索引的单列或多列,多列之间以逗号分隔。

以上介绍的是在数据表上创建索引的 3 种句法。下面在各小节中,结合具体示例进行介绍。

6.3 单列索引

单列索引,即在数据表的一列上创建索引。下面同样以创建 student 数据表为例,创建单列索引：

```
CREATE TABLE student(
    `sid` INT(11) NOT NULL,
    `name` VARCHAR(25) NOT NULL,
    `sex` VARCHAR(2),
    `address` VARCHAR(100),
    `favarite` VARCHAR(50),
    `createdate` DATE,
    INDEX idx_name using BTREE (`name`)
);
```

在上面创建数据表的语句中,在列 name 上创建了索引,并指定索引类型为 BTREE。在不需要指定索引名称和索引类型时,上面创建的语句可简化为：

```
CREATE TABLE student(
    `sid` INT(11) NOT NULL,
```

```
    `name` VARCHAR(25) NOT NULL,
    `sex` VARCHAR(2),
    `address` VARCHAR(100),
    `favarite` VARCHAR(50),
    `createdate` DATE,
    INDEX (`name`)
);
```

创建完成后，当查询 name 中的指定值时，可使用 EXPLAIN 语句查看是否使用了索引，语句如下：

```
EXPLAIN SELECT * from student where name = 'kitty'\G;
```

运行以上语句后，结果如图 6.1 所示。

```
*************************** 1. row ***************************
           id: 1
  select_type: SIMPLE
        table: student
         type: ref
possible_keys: idx_name
          key: idx_name
      key_len: 77
          ref: const
         rows: 1
        Extra: Using index condition
1 row in set (0.003 sec)
```

图 6.1　执行 EXPLAIN 语句结果

由图 6.1 可见，possible_keys 和 key 的值为 idx_name，即在查询 name 列时，用到了创建数据表时 name 列的索引。

下面是使用 CREATE INDEX 语句创建单列索引的示例：

```
CREATE INDEX idx_address
    ON student(`address`(20));
```

运行上面语句后，将在 address 列创建索引，并只取前 20 个字符。由于在 varchar、text 等列中，字符长度可能会很长，可采取只取前多少个字符创建索引，以提高检索效率。

同理，下面是采用 ALTER TABLE 语句创建单列索引的示例：

```
ALTER TABLE student
    ADD INDEX idx_createdate (`createdate`);
```

运行以上语句后，将在列 createdate 创建索引。运行下面语句可查看当前数据表上的索引：

```
SHOW INDEX from student;
```

运行以上语句后，结果如图 6.2 所示。

Table	Non_unique	Key_name	Seq_in_index	Column_name
student	1	idx_name	1	name
student	1	idx_address	1	address
student	1	idx_createdate	1	createdate

图 6.2　查看数据表上索引

以上是创建单列索引的示例，3 种创建索引方式都很便捷，在实际应用中，可根据需要采用任何一种方式创建索引。

6.4 复合索引

复合索引是指索引由数据表中的多列共同组成。依据前文，重新建立 student 数据表。然后创建列 name 和 favorite 的复合索引，语句如下：

CREATE INDEX idx_name_favorite ON student (`name`,`favorite`);

或用以下创建索引语句：

ALTER TABLE student ADD INDEX idx_name_favorite (`name`,`favorite`);

运行以上任意语句后，将在数据表 student 中创建复合索引 idx_name_favorite。下面执行 EXPLAIN 命令查看是否使用索引：

EXPLAIN SELECT * from student where name = 'kitty' and favorite = 'run'\G;

运行以上语句后，结果如图 6.3 所示。

由图 6.3 可知，当查询列 name 和 favorite 组合时，将使用复合索引。下面查看只查询列 name 的值时是否使用索引：

EXPLAIN SELECT * from student where name = 'kitty'\G;

运行以上语句后，结果如图 6.4 所示。

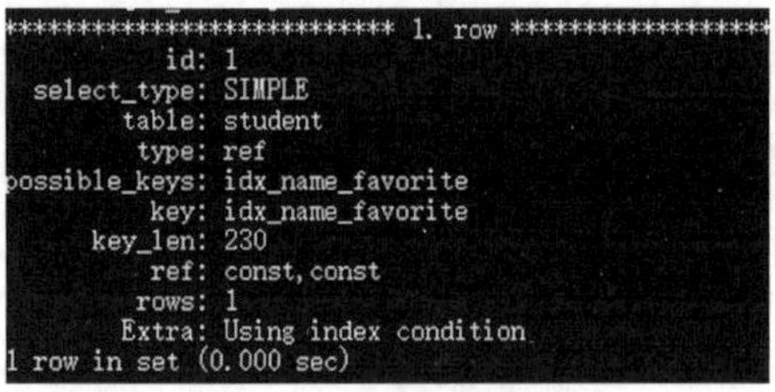

图 6.3　运行 EXPLAIN 结果

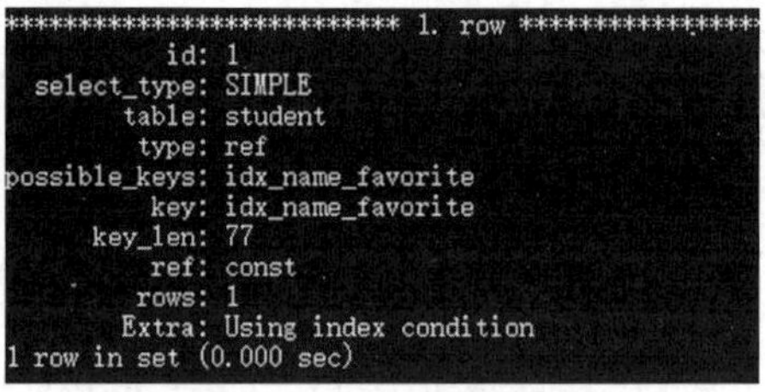

图 6.4　运行 EXPLAIN 结果

由图 6.4 可知，当只查询列 name 的值时，也会使用复合索引。下面查看只查询列 favorite 时，是否使用索引：

EXPLAIN SELECT * from student where favorite = 'run'\G;

运行以上语句后，结果如图 6.5 所示。

由图 6.5 可知，当只查询列 favorite 的值时，不会使用复合索引。

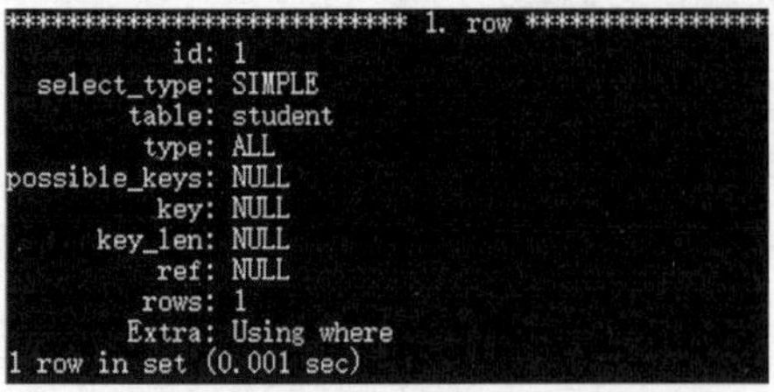

图 6.5　运行 EXPLAIN 结果

由以上 3 次运行结果可知，当组合查询时，复合索引具有重要意义，能加快检索速度。同时，复合索引中，多列之间具有顺序性，在查询单列时，如果是查询复合索引中的第 1 列，可能会使用复合索引，如果查询复合索引中第 2 列之后的列，不会再使用复合索引。

6.5 唯一索引

唯一索引和普通索引类似，区别在于创建唯一索引的列上的值必须唯一，但可以为 NULL。如果是由多列共同创建了唯一索引，则由这些列的组合值必须唯一。

下面重新创建数据表 student，允许列 name 为 NULL，同时在该列上创建唯一索引：

```
CREATE TABLE student(
    `sid` INT(11) NOT NULL,
    `name` VARCHAR(25),
    `sex` VARCHAR(2),
    `address` VARCHAR(100),
    `favorite` VARCHAR(50),
    `createdate` DATE,
    UNIQUE INDEX idx_name using BTREE (`name`)
);
```

创建完成后，可在该表中插入数据，如果 name 值相同，则会有错误提示，示例如图 6.6 所示。

```
ERROR 1062 (23000): Duplicate entry 'kitty' for key 'idx_name'
```

图 6.6 UNIQUE INDEX 所在字段不能重复

由于 name 列允许为 NULL，当新增记录时，可设置该列的值为 NULL，即 NULL 不受 UNIQUE INDEX 的限制。

下面是用 CREATE INDEX 语句创建多列的唯一索引示例：

```
CREATE UNIQUE INDEX idx_sid_favorite
    ON student (`sid`, `favorite`);
```

运行上面创建唯一索引语句后，将创建列 sid 和 favorite 的组合唯一索引，即表示这两列组合后的值必须唯一，但允许其中一列的值可有重复。

由此，在 student 表中插入一些示例数据，如图 6.7 所示。

sid	name	sex	address	favorite	createdate
1	kitty	NULL	NULL	run	NULL
2	tom	NULL	NULL	run	NULL
2	NULL	NULL	NULL	apple	NULL

图 6.7 student 表中数据示例

用 ALTER 语句创建唯一索引的示例如下：

```
ALTER TABLE student ADD UNIQUE INDEX idx_sid_favorite (`sid`,`favorite`);
```

以上 3 种方式都可创建数据表的唯一索引。由示例可知，唯一索引的优点是 MariaDB 数据库可帮助检测插入的值是否已经存在，如果不符合唯一索引要求，则会提示错误，禁止插入数据。

6.6 主键索引

主键用于在一张数据表中唯一标识一条记录,由一个或多个列组成。一旦给数据表创建主键后,该主键自然成为了索引,即主键索引。主键索引的特点类似于唯一索引,主键值不能相同,但属于主键的字段都不能包含 NULL 值。

主键可由单列构成,也可由多列共同组成。在 MariaDB 中,主键的创建方法有多种,下面以重新创建 student 表为例:

```
CREATE TABLE student(
    `sid` INT(11) NOT NULL,
    `name` VARCHAR(25),
    `sex` VARCHAR(2),
    `address` VARCHAR(100),
    `favorite` VARCHAR(50),
    `createdate` DATE,
    PRIMARY KEY (`sid`)
);
```

运行上面的语句后,将创建 student 表,同时以单列 sid 创建主键。以上示例是在创建数据表时同时创建主键,子句 PRIMARY KEY (`sid`) 表示定义列 sid 为主键;也可直接创建多个列的主键,比如:

```
CREATE TABLE student(
    `sid` INT(11) NOT NULL,
    `name` VARCHAR(25),
    `sex` VARCHAR(2),
    `address` VARCHAR(100),
    `favorite` VARCHAR(50),
    `createdate` DATE,
    PRIMARY KEY (`sid`, `name`)
);
```

在上面创建数据表的语句中,子句 PRIMARY KEY (`sid`, `name`) 表示创建列 sid 和列 name 的组合主键。

提示:在一张数据表中,最多只能创建一个主键,该主键的列值不能重复,在复合形式的主键中,PRIMARY KEY 子句约束定义中的所有列的组合值必须唯一;在 MariaDB 中,允许数据表可以不创建主键。

创建主键的另一种方式是采用 ALTER TABLE 语句,示例如下:

```
ALTER TABLE student
    ADD PRIMARY KEY (`sid`, `name`);
```

运行以上示例,将在表 student 中创建列 sid 和列 name 的组合主键。

提示:以上是在 MariaDB 中创建主键索引的两种方式,但不支持使用 CREATE INDEX 语句创建主键索引。

6.7 外键

当一张数据表引用了另一张数据表中的主键时,该字段被称为外键。外键的主要优点是有约束功能,可防止记录的误删,当引用错误时禁止新增或编辑。

下面先定义班级表 classes:

```
CREATE TABLE `classes` (
    `classid` int(11) NOT NULL,
    `classname` varchar(50),
    `location` varchar(255),
    PRIMARY KEY (`classid`)
);
```

在上面创建表语句中,创建了班级的数据表,定义列 classid 为主键;接着重新创建了学生数据表 student。

下面是定义学生表 student:

```
CREATE TABLE `student` (
    `sid` INT(11) NOT NULL,
    `name` VARCHAR(25),
    `sex` VARCHAR(2),
    `address` VARCHAR(100),
    `favorite` VARCHAR(50),
    `createdate` DATE ,
    `classid` int(11) ,
    PRIMARY KEY (`sid`),
    FOREIGN KEY(`classid`) REFERENCES classes(`classid`)
);
```

在上面创建数据表的语句中,子句 FOREIGN KEY(`classid`) REFERENCES classes(`classid`)表示创建外键,其中 FOREIGN KEY(`classid`)表示当前表中字段 classid 为外键,REFERENCES classes(`classid`)表示该外键指向数据表 classes 中的主键 classid。由此,创建了数据表之间主键和外键的关联。

创建外键的另一种方式是使用 ALTER TABLE 语句,示例如下:

```
ALTER TABLE `student`
    ADD FOREIGN KEY(`classid`) REFERENCES classes(`classid`);
```

运行以上语句后,同样可为表 student 增加外键。

外键能对数据起到强约束作用,当表 student 增加或修改记录而引用了表 classes 中不存在的记录时,会提示错误,如图 6.8 所示。

```
MariaDB [db1]> insert into student (sid,name,classid) values(1,'kitty',1);
ERROR 1452 (23000): Cannot add or update a child row: a foreign key constraint fails (`db1`.`student`,
CONSTRAINT `student_ibfk_1` FOREIGN KEY (`classid`) REFERENCES `classes` (`classid`))
```

图 6.8 插入错误提示

由图 6.8 可知,当插入记录时,外键引用了一个不存在的值,会提示错误。但插入的记录中,外键允许为 NULL 值,示例如图 6.9 所示。

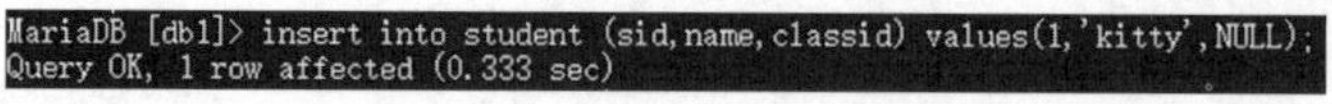

图 6.9　外键插入 NULL 成功

下面在表 classes 中插入一条记录：

INSERT INTO `classes`(`classid`,`classname`,`location`) VALUES (1,'一年级','北京海淀');

运行以上语句后，将在表 classes 中插入一条记录，主键 classid 的值为 1。接着在表 student 中插入一条记录，引用表 classes 中刚插入的这条记录：

INSERT INTO student (sid,name,classid) VALUES(2,'tom',1);

运行成功后，将在表 student 中插入一条新记录，如图 6.10 所示。

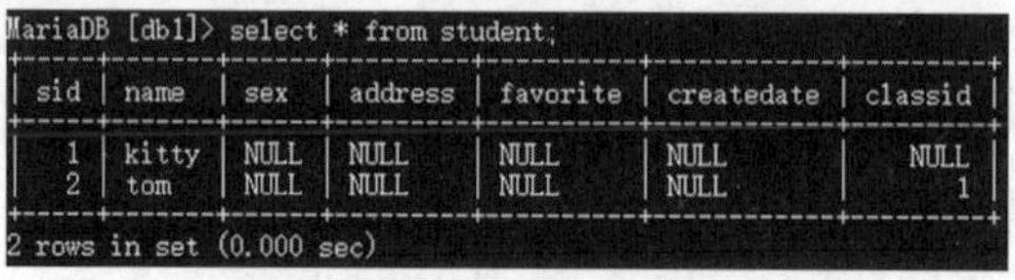

图 6.10　查看 student 中记录

由图 6.10 可知，表 student 中已有两条记录，sid 为 2 的记录中 classid 为 1，表示引用了表 classes 中的 classid 为 1 的记录。下面尝试删除表 classes 中的 classid 为 1 的记录：

DELETE FROM classes WHERE classid = 1;

运行以上语句后，无法正常删除，提示错误，如图 6.11 所示。

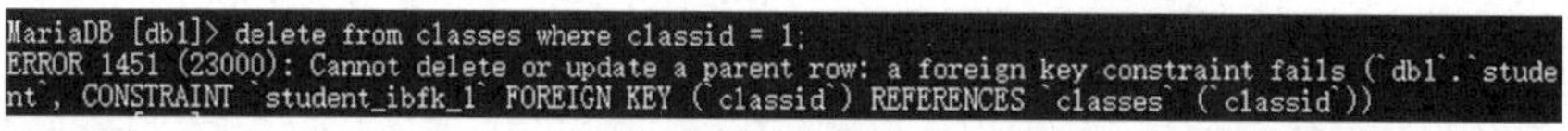

图 6.11　删除表 classes 中记录错误

由图 6.11 可知，错误提示为外键约束错误，即该条记录正在被使用，因而无法删除。即需要先删除或移除所有关于表 classes 中该条记录的引用后才能正常删除。

由此可知，外键帮助处理了约束强相关，防止引用错误以及误删除等操作。

6.8　删除索引

在数据表维护中，由于某种原因需要删除索引。创建的索引是以空间换取时间而加快检索进度，如果数据表上创建的索引过多，不但会增加额外的空间，同时在数据记录的增加、修改和删除时，也会增加额外的时间。所以，一旦发现数据表上的索引不再使用或创建有重叠的索引时，需要及时进行删除。

在 MariaDB 中，删除索引的句法如下：

DROP INDEX index_name
    ON table_name;

上面句法的详细描述如下。

① DROP INDEX...ON...：删除索引的关键字。

② index_name：待删除的索引名称。

③ table_name：待删除的索引所在数据表名。

下面是删除索引的示例：

```
DROP INDEX idx_createdate
    ON student;
```

运行以上语句后，将删除表 student 上的索引 idx_createdate。如果待删除的索引不存在，而仍继续运行上面删除索引的语句，将提示错误，如图 6.12 所示。

```
ERROR 1091 (42000): Can't DROP INDEX `idx_createdate`; check that it exists
```

图 6.12　删除不存在索引的错误提示

此时，应该检索该数据表上是否还存在该索引。

如果需要删除数据表上的主键，句法如下：

```
ALTER TABLE table_name
    DROP PRIMARY KEY;
```

上面句法的详细描述如下。

① ALTER TABLE ... DROP PRIMARY KEY：删除主键的关键字。

② table_name：待删除主键所在的数据表名。

下面是删除主键索引的示例：

```
ALTER TABLE student
    DROP PRIMARY KEY;
```

运行以上语句后，将删除数据表 student 上的主键。如果待删除的数据表不存在主键，则会提示错误信息，如图 6.13 所示。

```
ERROR 1091 (42000): Can't DROP INDEX `PRIMARY`; check that it exists
```

图 6.13　删除主键错误提示

此时，应该检查待删除数据表是否还存在主键。

下面是删除表 classes 主键的示例：

```
ALTER TABLE classes
    DROP PRIMARY KEY;
```

运行以上语句后，没有正确删除主键，而是报错，错误提示如图 6.14 所示。

```
MariaDB [db1]> ALTER TABLE classes
    -> DROP PRIMARY KEY;
ERROR 1025 (HY000): Error on rename of '.\db1\#sql-alter-19dc-6' to '.\db1\classes' (errno: 150 "Forei
gn key constraint is incorrectly formed")
```

图 6.14　删除主键错误提示

由图 6.14 可知，数据表 classes 的主键同时作为了表 student 的外键，因此不能直接删除表 classes 的主键。如果想要正确删除，则需要先删除表 student 的外键，然后才能删除表 classes 的主键。

删除外键的句法如下：

```
ALTER TABLE table_name
    DROP FOREIGN KEY foreign_key_name;
```

上面句法的详细描述如下。

① ALTER TABLE ... DROP FOREIGN KEY ...：删除外键的关键字。

② table_name：待删除外键所在数据表名。

③ foreign_key_name：待删除的外键名称。

下面是删除表 student 中外键的示例：

```
ALTER TABLE student
    DROP FOREIGN KEY student_ibfk_1;
```

如果数据表中外键存在，则会正确删除；否则会提示错误信息，如图 6.15 所示。

```
ERROR 1091 (42000): Can't DROP FOREIGN KEY `student_ibfk_1`; check that it exists
```

图 6.15　删除外键错误提示

只有删除表 student 上的外键后，才能正常删除表 classes 上的主键，此时再执行图 6.14 所述语句，如图 6.16 所示。

```
MariaDB [db1]> ALTER TABLE classes
    -> DROP PRIMARY KEY;
Query OK, 1 row affected (0.587 sec)
Records: 1  Duplicates: 0  Warnings: 0
```

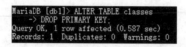

图 6.16　删除表 classes 上的主键

由图 6.16 可知，此时可正常删除表 classes 上的主键。由于主键可能对应多张数据表中的外键，如果需要删除该主键，则需要先删除该主键对应的所有外键，然后才能正常删除该主键。

本章小结

本章介绍在 MariaDB 中如何创建、删除单列索引、复合索引、主键和外键等。索引是数据库中优化查询的重要手段之一，只有正确掌握创建索引的方法，才能有的放矢地针对具体数据表创建索引。不要一开始绞尽脑汁创建多个不同的索引，有的索引可能一次也用不上，反而浪费了不少时间和存储空间。实践证明，需要用到索引时再进行创建。MariaDB 还支持其他的索引，如全文检索。由于篇幅限制，本书不再介绍。

第7章 函数与过程

MariaDB 提供了大量内置函数，方便用户调用，以满足需要。同时，MariaDB 提供了用户自定义函数和过程的方法，用户可以将一些常用方法进行封装，利于后期调用。本章将介绍 MariaDB 中提供的函数和过程。

7.1 函数和过程介绍

函数可理解为一组预先编译好的 SQL 语句的集合、批处理语句，调用函数可提高代码的重用性、简化用户操作、减少编译次数、减少与数据服务器的连接次数，最终目的是提高效率。

MariaDB 数据库提供了丰富的函数，按类别划分如下。

① 字符串函数：对字符串处理相关函数。
② 数学函数：对数值处理相关函数。
③ 日期和时间函数：专用于处理日期和时间相关的函数。
④ 其他相关函数：其他处理的函数，如系统函数、逻辑函数等。

过程是存储过程的简称，和函数类似，是一组预先编译好的 SQL 语句的集合、批处理语句，可接受 1 个、多个或 0 个参数，没有返回值，但可以有输出参数以及既是输入参数又是输出参数的参数。而函数可具有返回值。过程的优点：减少与数据库服务器之间的连接、执行速度快、应用程序可调用等，能有效提高效率。

通过 MariaDB 提供的内置函数和存储过程，极大方便了用户的操作；但同时可能会增大开发人员理解程序的复杂性，特别是对自定义函数或自定义过程的理解和维护，实际会增加开发人员的工作量，同时，不同数据库间语法有所不同，造成移植困难，甚至需重新编写。

下面是函数调用的简单示例：

```
SELECT version();
```

运行结果如图 7.1 所示。

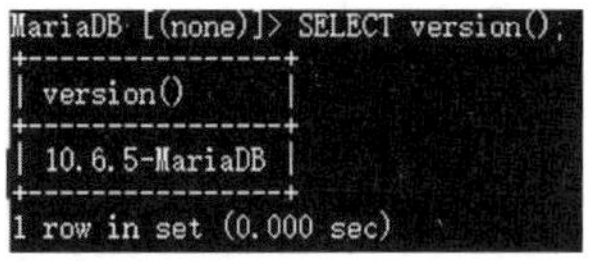

图 7.1 version() 函数

在 MariaDB 中，函数可以在多个地方调用，并且不区分大小写。上面示例是在 SELECT 语句中调用内置函数 version()，输出当前 MariaDB 版本。

7.2 字符串函数

MariaDB 提供了很多内置函数，为了便于用户调用，根据函数实现的功能不同，将函数进行分类。字符串函数类主要用于处理字符串相关的函数集合，便于用户直接在 MariaDB 中快捷处理字符串。

1. CONCAT(str1，str2，…，strn)

连接函数，用于连接多个字符串为一个字符串，其中参数为待连接的字符串或表达式，之间以逗号分隔。示例如下：

```
SELECT CONCAT('He ', 'is ', 'Tom');
```

输出：

```
He is Tom
```

```
SELECT CONCAT('数值 ', 3);
```

输出：

```
数值 3
```

```
SELECT CONCAT('求和 ', 1 + 2);
```

输出：

```
求和 3
```

2. LCASE(str) 和 LOWER(str)

将指定字符串中的所有字符转换为小写。示例如下：

```
SELECT LCASE ('小写 ZIOER');
```

输出：

```
小写 zioer
```

3. UCASE(str) 和 UPPER(str)

将指定字符串中的所有字符转换为大写。示例如下：

```
SELECT UCASE ('大写 kitty');
```

输出：

```
大写 KITTY
```

4. LENGTH(str)

计算指定字符串长度。示例如下：

```
SELECT LENGTH ('ZIOER');
```

输出：

5

5. TRIM(str)

去掉指定字符串前后空格。示例如下：

SELECT TRIM('   that is true   ');

输出：

that is true

6. LTRIM(str)

只去掉指定字符串左边空格。

7. RTRIM(str)

只去掉指定字符串右边空格。

8. LEFT(str，num)

从左边截取字符串 str 中指定长度 num 的子串。示例如下：

SELECT LEFT('Tom is here',5);

输出：

Tom i

9. POSITION(substr IN str)

返回子串 substr 在字符串 str 中第一次发现的位置，如果没有找到，则返回 0。示例如下：

SELECT POSITION('T' IN 'Tom is here');

输出：

1

SELECT POSITION('p' IN 'Tom is here');

输出：

0

10. INSTR(str，substr)

返回子串 substr 在字符串 str 中第一次发现位置，如果没有找到，则返回 0。功能和 POSITION 相同，注意参数传递方式的区别。示例如下：

SELECT INSTR('Tom is here','T');

输出：

1

11. LOCATE(substr，str，[start_pos])

返回在字符串 str 中查找子字符串 substr 第一次发现的位置。参数 start_pos 可选，表示从左起哪个位置开始查找，默认为 1。如果没有找到，则返回 0。示例如下：

```
SELECT LOCATE('m','Tom and jom is here');
```

输出：

3

```
SELECT LOCATE('m','Tom and jom is here',4);
```

输出：

11

12. MID(str，start_pos，num)

返回在字符串 str 中从开始字符 start_pos 截取长度为 num 的子字符串。示例如下：

```
SELECT MID('Tom is here',5,2);
```

输出：

is

13. SUBSTR(str,start_pos,[num])或 SUBSTRING(str,start_pos,[num])

功能同 MID 函数，区别在于 SUBSTR 函数中截取长度 num 可选，当不填写时，则截取从左起 start_pos 开始到字符串结尾的所有字符。示例如下：

```
SELECT SUBSTR('Tom is here',5);
```

输出：

is here

14. REPLACE(str，from_substr，to_sub)

替换字符串函数，其中参数介绍如下。

① str：待搜索的源字符串。

② from_substr：待替换的字符串。

③ to_sub：被替换的字符串。

提示：如果待替换的字符串在源字符串中不存在，则返回源字符串。

示例如下：

```
SELECT REPLACE('Tom is here', 'is', 'and Jomy are');
```

输出：

Tom and Jomy are here

15. REPEAT(str，num)

输出重复字符串函数，其中参数介绍如下。

① str：待重复的字符串，可以是数值、字符串等。

② num：重复次数。

示例如下：

```
SELECT REPEAT('abc',3);
```

输出：

abcabcabc

SELECT REPEAT(1 + 2,3);

输出:

333

16. FIND_IN_SET(str,str_list)

在列表中查找指定字符串所在位置,其中参数介绍如下。

① str:待查找的字符串。

② str_list:以逗号分隔的字符列表。

示例如下:

SELECT FIND_IN_SET('apple', 'banna,pear,apple,grade')

输出:

3

17. STRCMP(str1,str2)

比较两个字符串 str1 和 str2 是否相同,如果相同则返回 0;如果 str1 < str2 则返回 −1;如果 str1 > str2 则将返回 1。示例如下:

SELECT STRCMP('bc', 'bc');

输出:

0

18. ASCII(char)

返回指定字符的 ASCII 码。

提示:如果传递参数多于一个字符,则只会查找第一个字符的 ASCII 码。

示例如下:

SELECT ASCII('F');

输出:

70

SELECT ASCII('f');

输出:

102

19. LPAD(str,num [,str2])

返回字符串 str,并在该字符串的左边填充 str2,直到 num 长度。

提示:如果 str 长度大于 num,则截取 num 长度字符串并返回;str2 如果省略,则填充空格。

示例如下:

SELECT LPAD('abc',21,'-*')

输出：

- * - * - * - * - * - * - * - *abc

20. REVERSE(str)

返回颠倒后的字符串 str。示例如下：

SELECT REVERSE('abcde')

输出：

edcba

以上介绍的是 MariaDB 内置的部分字符串处理相关函数。

7.3 数学函数

MariaDB 中的数学函数用于处理数字，主要包括取绝对值，取模，求最大和最小值，求平均值，随机数，常用数学公式等。

1. ABS(number)

返回指定数 number 的绝对值。示例如下：

SELECT ABS(-54.3);

输出：

54.3

2. MOD(n,m)

求模，即返回 n 除以 m 的余数。示例如下：

SELECT MOD(3,2)

输出：

1

3. CEILING(number)

返回大于或等于指定数字 number 的最小整数值。示例如下：

SELECT CEILING(3.2);

输出：

4

4. FLOOR(number)

返回等于或小于指定数字 number 的最大整数值。示例如下：

SELECT FLOOR(3.2);

输出：

3

5. ROUND(number,[deci])

返回四舍五入后的数字。其中参数介绍如下。

① number：待四舍五入的数字。

② deci：可选，四舍五入的小数位，不输入时只保留整数位。

示例如下：

SELECT ROUND(3.565,2)

输出：

3.57

6. TRUNCATE(M,D)

返回数字 M，保留小数点后 D 位。如果 D 为 0，则返回的数字 M 没有小数点或小数部分。

示例如下：

SELECT TRUNCATE(332.42734,2)

输出：

332.42

7. RAND([seed])

返回一个 0~1 的随机数，不包括 1。其中参数 seed：可选，提供随机数的种子。示例如下：

SELECT RAND();

输出：

0.46405279865865856

8. PI()

返回圆周率 3.141593。

9. SIN(number)、COS(number)、TAN(number)

返回指定数字的正弦值、余弦值和正切值。

以上介绍为 MariaDB 内置的部分数学相关函数。

7.4 日期和时间函数

MariaDB 中的日期和时间函数用于处理日期、时间，主要包括返回当前日期、时间、星期等。

1. CURRENT_DATE()、CURRENT_TIME()、CURRENT_TIMESTAMP()

返回当前日期、当前时间和当前日期和时间。示例如下：

SELECT CURRENT_DATE(),CURRENT_TIME(),CURRENT_TIMESTAMP();

输出：

2020-04-28 20:22:40　2020-04-28 20:22:40

2．CURDATE()

返回当前日期。

3．NOW()

返回当前日期和时间。示例如下：

SELECT NOW();

输出：

2020-04-28 21:27:45

4．DATE(date_str)

返回指定值 date_str 中的日期。示例如下：

SELECT DATE('2019-3-13 23:23');

输出：

2019-3-13

5．TIME(date_str)

返回指定值 date_str 中的时间。示例如下：

SELECT TIME('2019-3-13 23:23');

输出：

23:23:00

6．DAY(date_str)

返回指定值 date_str 中的日部分。示例如下：

SELECT DAY('2019-3-13 23:23');

输出：

13

7．MONTH(date_str)

返回指定值 date_str 中的月部分。示例如下：

SELECT MONTH('2019-3-13 23:23');

输出：

3

8．YEAR(date_str)

返回指定值 date_str 中的年部分。示例如下：

SELECT YEAR('2019-3-13 23:23');

输出：

2019

9. WEEK(date_str,[mode])

返回指定值中的星期部分。其中参数介绍如下。

① date_str：包含日期的值。

② mode：可选，用于指定一周从哪天开始，缺省时指周日是一周开始。

示例如下：

SELECT WEEK('2019 - 3 - 13 23:23');

输出：

10

10. HOUR(date_str)、MINUTE(date_str)、SECOND(date_str)

分别返回指定值 date_str 中的时、分和秒。示例如下：

SELECT HOUR('23:33:12'),MINUTE('23:33:12'),SECOND('23:33:12');

输出：

23　33　12

11. DAYOFYEAR(date_str)

返回指定日期值 date_str 在一年中某天(1~366)。示例如下：

SELECT DAYOFYEAR('2019 - 3 - 13 23:23');

输出：

72

12. DAYOFMONTH(date_str)

返回指定日期值 date_str 在一月中某天(1~31)。示例如下：

SELECT DAYOFMONTH('2019 - 3 - 13 23:23');

输出：

13

13. DAYOFWEEK(date_str)

返回指定日期值 date_str 在一周中某天(1~7)。

提示：1 = 星期日,2 = 星期一,3 = 星期二,4 = 星期三,5 = 星期四,6 = 星期五,7 = 星期六。

示例如下：

SELECT DAYOFWEEK('2019 - 3 - 13 23:23');

输出：

4

14. LAST_DAY(date_str)

返回指定日期 date_str 所在月的最后一天的日期。示例如下：

```
SELECT LAST_DAY('2019-3-13 23:23');
```

输出：

2019-3-31

15. DAYNAME(date_str)

返回指定日期 date_str 的工作日名。示例如下：

```
SELECT DAYNAME('2019-3-13 23:23');
```

输出：

Wednesday

16. MONTHNAME(date_str)

返回指定日期 date_str 的月份名。示例如下：

```
SELECT MONTHNAME('2019-3-13 23:23');
```

输出：

March

17. DATE_ADD(date_str, INTERVAL value unit)

日期加处理，返回一个增加指定值的一个日期。其中参数介绍如下。

① date_str：待加减指定值的日期。

② INTERVAL：关键字，指示间隔。

③ value：加减的值，正值或负值，正表示相加，负表示相减。

④ unit：间隔的单元，常见取值如表 7.1 所示。

表 7.1　间隔单元取值

unit	描述
SECOND	秒
MINUTE	分
HOUR	小时
DAY	天
WEEK	星期
MONTH	月
YEAR	年
MICROSECOND	微秒

提示：当 value 为负时，相当于函数 DATE_SUB。

示例如下：

```
SELECT DATE_ADD('2019-3-13 23:23:12', INTERVAL 10 DAY);
```

输出：

2019-03-23 23:23:12

```
SELECT DATE_ADD('2019-3-13 23:23:12', INTERVAL -30 MINUTE);
```

输出：

2019-03-13 22:53:12

18. DATE_SUB(date_str，INTERVAL value unit)

日期减处理，返回一个减去指定值的一个日期。其中参数介绍如下。

① date_str：待减指定值的日期。
② INTERVAL：关键字，指示间隔。
③ value：减的值。

19. DATEDIFF(date_str_1，date_str_2)

日期相减，返回天数差：第一个日期 date_str_1 减去第二个日期 date_str_2 的值。示例如下：

SELECT DATEDIFF('2019-3-13','2019-3-5');

输出：

8

以上介绍的是 MariaDB 内置的部分日期和时间处理相关函数。

7.5 聚合函数

聚合函数用于关系表中记录统计相关处理，包括求最大值、平均值、行记录等。同时，聚合函数可用在 GROUP BY 子句的表达式中。

为了介绍聚合函数，下面创建一张数据表 student：

```
CREATE TABLE `student`(
    `sid` INT(11) NOT NULL,
    `name` VARCHAR(25) NOT NULL,
    `sex` VARCHAR(2),
    `score` INT(11),
    PRIMARY KEY(`sid`)
);
```

插入测试数据：

```
INSERT INTO `db1`.`student`(`sid`, `name`, `sex`, `score`) VALUES (1, 'Tom', '男', 80);
INSERT INTO `db1`.`student`(`sid`, `name`, `sex`, `score`) VALUES (2, 'Mary', '女', 85);
INSERT INTO `db1`.`student`(`sid`, `name`, `sex`, `score`) VALUES (3, 'Kitty', '女', 78);
INSERT INTO `db1`.`student`(`sid`, `name`, `sex`, `score`) VALUES (4, 'Ziry', '男', 90);
INSERT INTO `db1`.`student`(`sid`, `name`, `sex`, `score`) VALUES (5, 'Petty', '男', 83);
```

在上面创建的数据表中，学生数据表中加入 score 列，表示成绩，类型为 INT。数据表 student 中内容如图 7.2 所示。

1. AVG(expression)

返回 expression 的平均值。其中，expression 可以是列或表达式。示例如下：

图 7.2 数据表 student 的内容

```
SELECT AVG(score) from student;
```

输出：

```
83.2000
```

```
SELECT sex,AVG(score) FROM student
GROUP BY sex;
```

输出内容如图 7.3 所示。

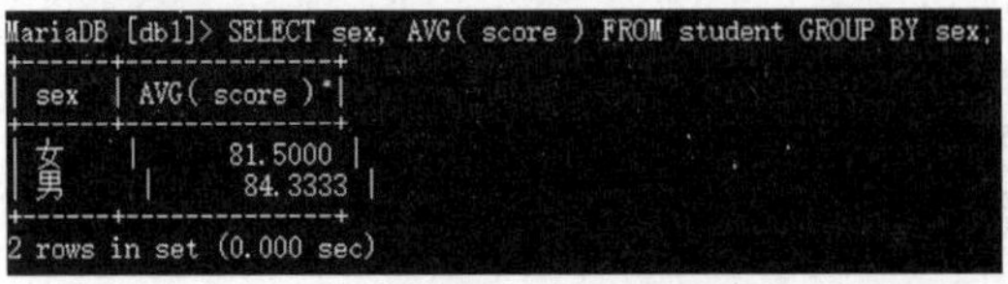

```
MariaDB [db1]> SELECT sex, AVG( score ) FROM student GROUP BY sex;
+------+--------------+
| sex  | AVG( score ) |
+------+--------------+
| 女   |      81.5000 |
| 男   |      84.3333 |
+------+--------------+
2 rows in set (0.000 sec)
```

图 7.3　AVG()+GROUP BY 输出内容

以上示例中,按照 sex 分组,分别求各组平均值并输出。

2. MAX(expression)

返回 expression 的最大值。其中,expression 可以是列或表达式。示例如下：

```
SELECT MAX(score) FROM student;
```

输出：

```
90
```

```
SELECT MAX(score) FROM student GROUP BY sex;
```

将数据表按照 sex 分组,输出各组最大值,如图 7.4 所示。

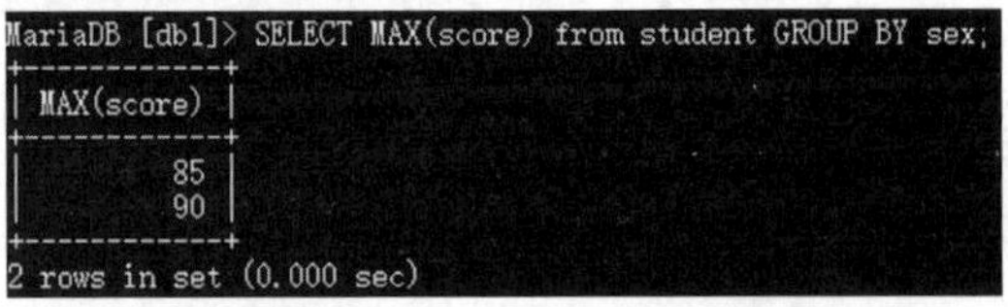

```
MariaDB [db1]> SELECT MAX(score) from student GROUP BY sex;
+------------+
| MAX(score) |
+------------+
|         85 |
|         90 |
+------------+
2 rows in set (0.000 sec)
```

图 7.4　MAX()+GROUP BY 输出内容

3. MIN(expression)

返回 expression 的最小值。其中,expression 可以是列或表达式。示例如下：

```
SELECT MIN(score) FROM student;
```

输出：

```
78
```

4. SUM(expression)

返回 expression 的求和值。其中,expression 可以是列或表达式。示例如下：

```
SELECT SUM(score) FROM student;
```

输出：

```
416
```

5．COUNT（expression）

返回 expression 的计数。其中，expression 可以是列或表达式。示例如下：

SELECT COUNT(sid) FROM student;

输出：

5

以上介绍的是 MariaDB 所内置的部分聚合函数，主要用于数据表的处理。

7.6 其他函数

除了前面介绍的字符串、数字、日期和时间处理等函数外，MariaDB 还提供了其他相关处理函数，如逻辑函数、加密函数等。

1．IF（condition，str1，str2）

判断函数，如果判断值为 true，返回 str1；否则返回 str2。其中参数含义如下。

① condition：要比较的条件。

② str1：判断为 true 时，返回值。

③ str2：判断为 false 时，返回值。

示例如下：

SELECT IF((4 * 5)<15, 'yes', 'no');

输出：

no

2．IFNULL（condition，var_1）

判断指定值或表达式 condition 是否为 NULL，如果是则返回一个默认值。

3．ISNULL（condition）

判断指定值或表达式 condition 是否为 NULL，如果是则返回 1；否则返回 0。

4．CASE

MariaDB 提供的 CASE 函数，类似于 IF-ELSE 功能，基本形式如下：

```
CASE [condition]
   WHEN var_1 THEN res_1
   WHEN var_2 THEN res_2
   ...
   WHEN var_n THEN res_n
   ELSE result
END
```

在该函数中，各参数含义如下。

① CASE…WHEN…THEN…ELSE…END：CASE 函数的关键字。

② condition：可选，表达式。

③ var_1…var_n：待比较的值，如果 condition 省略，则该处是表达式。

④ res_1…res_n：比较后，产生结果。

⑤ result：如果比较都不成功时，取默认值。

示例如下：

```
SELECT `name`, `sex`,
CASE `classid`
  WHEN '1' THEN '在一班'
  WHEN '2' THEN '在二班'
  ELSE '在其他班级'
END
AS classname
FROM student
```

在以上示例中，查询数据表 student，比较 classid 的值，根据不同的值返回不同的结果。

5. CAST(var_1 AS type)

数据类型转换。其中参数介绍如下。

① var_1：待转换类型的数值。

② AS：关键字。

③ type：转换后的类型，取值如表 7.2 所示。

表 7.2 type 类型

类型	描述
DATE	日期类型：'YYYY-MM-DD'
DATETIME	日期和时间类型：'YYYY-MM-DD HH:MM:SS'
TIME	时间类型：'HH:MM:SS'
CHAR	CHAR 类型
SIGNED	SIGNED 类型
UNSIGNED	UNSIGNED 类型
BINARY	BINARY 类型，即二进制字符串

示例如下：

```
SELECT CAST('2019-3-13 23:23:12' AS DATETIME);
```

输出：

2019-03-13 23:23:12

6. DATABASE()

返回当前所在数据库名。

```
SELECT DATABASE();
```

输出当前所在数据库名，如 db1。

7. CURRENT_USER()

返回当前使用用户。

8. NULLIF(str_1, str_2)

比较 str_1 和 str_2 两个值，如果相等，返回 NULL；否则返回第一个值 str_1。示例如下：

```
SELECT   NULLIF('bc1', 'bc');
```
输出:

bc1

```
SELECT   NULLIF('bc', 'bc');
```
输出:

NULL

9. PASSWORD(str_1)

使用 MariaDB PASSWORD 功能,可加密指定字符串。示例如下:

```
SELECT PASSWORD('tom');
```
输出:

*71FF744436C7EA1B954F6276121DB5D2BF68FC07

10. MD5(str_1)

返回字符串的 MD5 值。示例如下:

```
SELECT MD5('tom');
```
输出:

34b7da764b21d298ef307d04d8152dc5

11. UUID()

返回 UUID 值。示例如下:

```
SELECT UUID();
```
输出:

ece1166f-8965-11ea-a704-080027e3fb10

以上介绍的是 MariaDB 内置常用的部分其他函数。

7.7 自定义函数

尽管 MariaDB 提供了很多实用的函数,在开发中可以很好地利用并提高开发效率。实际上,还是不一定能满足开发需求,如一些特殊业务领域。此时,就需要开发人员自定义函数以满足开发功能。MariaDB 提供了自定义函数功能,可以方便开发自定义函数。

7.7.1 自定义函数句法

自定义函数基本句法如下:

```
CREATE FUNCTION [IF NOT EXISTS]function_name([func_par [,...]])
RETURNS type
```

```
BEGIN
    [content]
END
```

以上创建自定义函数描述如下。

① CREATE FUNCTION：创建自定义函数关键字。
② IF NOT EXISTS：可选，表示如果不存在该函数名时才创建。
③ function_name：自定义函数名。
④ func_par：参数，有多个时，之间以逗号分隔。
⑤ RETURNS：返回的关键字。
⑥ type：返回类型。
⑦ BEGIN...END：自定义函数主体。

下面是创建自定义函数示例：

```
CREATE FUNCTION myfun(v1 int, v2 int) RETURNS int
BEGIN
    return v1 + v2;
END
```

以上自定义函数比较简单，返回两个数的和，创建完成后，调用方法如下：

```
SELECT myfun(2,3);
```

输出：

5

下面是创建一个不带参数的函数示例：

```
CREATE FUNCTION cndate()
RETURNS varchar(25)
return date_format(curdate(),'%Y年%m月%d日');
```

以上自定义函数将输出中文日期。创建完成后，调用方法如下：

```
SELECT cndate();
```

输出：

2021年04月29日

提示：如果自定义函数主体只有单条语句，可以省略关键字 BEGIN...END，如上例所示。

在自定义函数中，同样支持使用 IF 判断语句、循环结构等。

7.7.2 IF

IF 判断语句和结构句法如下：

```
IF condition1 THEN
    {statements}
[ELSEIF condition2 THEN
    {statements} ]
[ELSE
    {statements} ]
END IF;
```

在上面 IF 判断句法中,描述如下。

① IF...THEN:IF 判断语句第一个判断关键字。

② condition1:判断条件。

③ statements:如果对应的条件 condition 判断为真时,才执行。

④ ELSEIF...THEN:可选,第一个条件不为真时,再执行该判断,同时,ELSEIF 在一个判断中可以出现多次。

⑤ ELSE:可选,如果前面所有的判断都不为真时,才执行其中的语句。

⑥ END IF:IF 判断结束关键字。

IF 判断语句的示例如下:

```
CREATE FUNCTION myfun2(aINT,b INT)
  RETURNS varchar(10)
BEGIN
    IF(a = b) THEN RETURN '相等';
    ELSEIF (a < b) THEN RETURN 'a 小于 b';
    ELSE RETURN 'a 大于 b';
    END IF;
END
```

创建完成后,调用示例如下:

```
SELECT myfun2(10,12);
```

输出:

a 小于 b

7.7.3 LOOP

LOOP 循环语句的句法如下:

```
[label:] LOOP
    {statements}
END LOOP [label];
```

上面句法的详细描述如下。

① label:可选,作为标签。

② LOOP:循环的关键字。

③ statements:循环内语句。

④ END LOOP:循环结束的关键字。

提示:从循环语句中结束循环的方式是使用下面语句:

```
LEAVE label; (类似于 break)
```

继续执行的语句如下:

```
ITERATE label; (类似于 continue)
```

RETURN result:返回结果。

使用 LOOP 的示例如下:

```
CREATE FUNCTION myfun3(end_value INT)
RETURNS INT
BEGIN
   DECLARE sum_value INT;
    DECLARE first_value INT;

    SET first_value = 1;
   SET sum_value = 0;
   label1: LOOP
     SET sum_value = sum_value + first_value;
         SET first_value = first_value + 1;
     IF first_value <= end_value THEN
        ITERATE label1;
     END IF;
     LEAVE label1;
   END LOOP label1;

   RETURN sum_value;
END;
```

在上面自定义函数中，对 1 到给定值的自然数连续求和，并返回求和值。调用如下：

```
SELECT myfun3(10);
```

输出：

55

7.7.4 WHILE

WHILE 循环语句的句法如下：

```
[label:] WHILE condition DO
   {statements}
END WHILE [label];
```

上面 WHILE 循环的句法描述如下。

① label：可选，作为标签。

② WHILE...DO：WHILE 循环开始关键字。

③ condition：判断条件，只有为真时才执行其中的语句。

④ statements：执行的循环语句。

⑤ END WHILE：WHILE 循环结束关键字。

使用 WHILE 示例如下：

```
CREATE FUNCTION myfun4(end_value INT)
RETURNS INT
BEGIN
   DECLARE sum_value INT;
   DECLARE first_value INT;

   SET first_value = 1;
   SET sum_value = 0;
```

```
label1: WHILE first_value <= end_value DO
    SET sum_value = sum_value + first_value;
    SET first_value = first_value + 1;
  END WHILE label1;

  RETURN sum_value;
END;
```

在上面自定义函数中,同样实现从 1 到给定值的自然数连续求和,并返回求和值。调用如下:

```
SELECT myfun4(10);
```

输出:

55

7.7.5 REPEAT

REPEAT 循环句法如下:

```
[label:] REPEAT
    {statements}
UNTIL condition
END REPEAT [label];
```

上面 REPEAT 循环句法的描述如下:

① label:可选,作为标签。
② REPEAT:REPEAT 循环开始关键字。
③ statements:执行的循环语句。
④ UNTIL:REPEAT 循环关键字,表示直到。
⑤ condition:判断条件,一旦条件判断为真则退出循环。
⑥ END REPEAT:REPEAT 循环结束关键字。

使用 REPEAT 示例如下:

```
CREATE FUNCTION myfun5(end_value INT)
RETURNS INT
BEGIN
  DECLARE sum_value INT;
  DECLARE first_value INT;

  SET first_value = 1;
  SET sum_value = 0;

  label1: REPEAT
    SET sum_value = sum_value + first_value;
    SET first_value = first_value + 1;
  UNTIL first_value > end_value
  END REPEAT label1;

  RETURN sum_value;
END;
```

在上面自定义函数中,同样实现从 1 到给定值的自然数连续求和,并返回求和值。调用如下:

```
SELECT myfun5(10);
```

输出:

55

7.7.6 CASE

CASE 分支语句的句法如下:

```
CASE[condition]
   WHEN var_1 THEN
     {statements}
  [WHEN var_2 THEN
     {statements} ]
  [ELSE
     {statements} ]
END CASE;
```

上面 CASE 分支语句的描述如下。

① CASE...END CASE:CASE 分支关键字。提示:最后要带上分号。

② condition:可选,判断条件。

③ WHEN ... THEN:分支判断或值,如果前面 condition 存在,该处则只有值,如果 condition 不存在,则该处为判断语句。

④ statements:只有前面判断条件为真时,才执行该语句。

⑤ ELSE:当前面所有判断都不为真时,才执行该处 ELSE 中语句。

使用 CASE 示例如下:

```
CREATE FUNCTION myfun6(a INT,b INT)
   RETURNS varchar(10)
BEGIN
   DECLARE rt varchar(20);
   CASE
       WHEN a < b THEN
         SET rt = CONCAT(a,'小于',b);
       WHEN a = b THEN
         SET rt = CONCAT(a,'等于',b);
       ELSE
         SET rt = CONCAT(a,'大于',b);
   END CASE;

   RETURN rt;
END
```

在上面自定义函数中,用于比较两个指定数大小,并返回比较结果。调用如下:

```
SELECT myfun6(10,10);
```

输出:

10 等于 10

7.7.7 删除

当用户自定义函数后,可根据需要删除自定义的函数。删除自定义函数的句法如下:

```
DROP FUNCTION [IF EXISTS] function_name
```

上面句法的详细描述如下。
① DROP FUNCTION:删除自定义函数的关键字。
② IF EXISTS:关键字,可选,即如果存在才删除。
③ function_name:自定义函数名称。
示例如下:

```
DROP FUNCTION myfun;
```

提示:子句 IF EXISTS 用于防止删除不存在函数名时错误提示;同时,不能删除 MariaDB 内置函数。

通过上面的介绍可知,自定义函数可以完成很多有意思的事情,将用户需要多步操作的事情放入函数中,最终输出运算后的值即可,能极大提高开发效率。

7.8 自定义过程

自定义存储过程执行类似函数,一般用于批量执行用户指令,可提高效率,减轻用户工作量。

7.8.1 自定义句法

下面是创建过程的基本句法:

```
CREATE PROCEDURE proc_name([proc_par [, ...] ])
BEGIN
    content
END;
```

上面创建句法中,描述如下。
① CREATE PROCEDURE:创建过程的关键字。
② proc_name:用户自定义的过程名称。
③ proc_par:可选,自定义过程的参数,MariaDB 支持 3 种类型的参数,即 IN、OUT 和 INOUT 关键字标识,分别表示输入、输出和输入输出参数,多个参数间以逗号分隔。
④ BEGIN...END:程序体的开始和结束关键字。
⑤ content:过程代码部分,可分为两部分,一是声明变量位置,二是过程代码。
下面是定义不带参数过程的示例:

```
CREATE PROCEDURE myproc()
BEGIN
```

```
    SELECT * FROM student;
END
```

执行过程的方法是使用 CALL 语句调用,具体如下:

```
CALL myproc();
```

其执行的是查询 student 表语句并输出。下面是定义一个带有参数过程的示例:

```
CREATE procedure myproc2(IN id INT, IN sname VARCHAR(30))
BEGIN
    UPDATE student
      set name = sname
    WHERE
      sid = id
    ;
END
```

以上定义了带有两个输入参数的过程,用来更新数据表 student 中指定 sid 的列 name 值,调用方法如下:

```
CALL myproc2(2,'Nuna');
```

通过上面的过程定义和调用,可知用户过程的一个优点是隐藏执行过程,只需要暴露接口即可。

提示:在用户自定义过程中,同样可以使用 IF 判断语句、循环体和 CASE 分支语句等。此处不再赘述。

查询当前用户自定义过程的命令如下:

```
SHOW PROCEDURE STATUS;
```

运行结果如图 7.5 所示。

Db	Name	Type	Definer
db1	myproc	PROCEDURE	root@localhost
db1	myproc2	PROCEDURE	root@localhost

图 7.5 当前定义的过程

7.8.2 删除过程

当不再需要自定义的过程时,可以删除。删除句法如下:

```
DROP PROCEDURE [IF EXISTS] proc_name;
```

上面句法的详细描述如下。

① DROP PROCEDURE:删除过程的关键字。

② IF EXISTS:可选,如果存在则删除。

③ proc_name:过程名称。

示例如下:

```
DROP PROCEDURE myproc;
```

以上命令删除自定义过程 myproc。

本章小结

本章详细介绍 MariaDB 中两个类似部分，即函数和过程。MariaDB 提供了大量内置函数，本章分类别进行介绍并演示部分示例，说明函数的用法，但限于篇幅没有详尽展示 MariaDB 中所有内置函数。尽管 MariaDB 提供了丰富的内置函数，但还是不一定能完全满足用户需求，MariaDB 提供了用户自定义函数的方法，便于用户根据需要创建自定义函数。在自定义函数中可以使用判断、循环等语句，本章给出详细示例，以加深理解。最后，介绍自定义过程的定义和调用方法。总之，函数和过程的最终目的是执行批量代码，减少用户重复输入工作量，提高效率，并在一定程度上提高代码的安全性。

第8章 视图和触发器

本章介绍 MariaDB 中两个重要并能提高查询和开发效率的知识点,即视图和触发器。

8.1 视图概述

MariaDB 中的视图是虚拟表,由列和行构成,但视图中的数据存在于定义视图时所用表,同时,每次查询视图时,数据动态生成。即 MariaDB 数据库中只定义了视图,视图中的数据都存放在定义视图时引用的真实表中。

视图(VIEW)概念很好理解,可以由一张或多张数据表中的数据组成,但从用户来看,视图就如同一张数据表。视图的内容由查询定义,作用类似于筛选。用户在查询视图时可以应用查询真实表的所有操作,如 WHERE、ORDER BY、LIMIT 等语句。

为什么会有视图?视图的一个重要作用就是可以隐藏细节。比如:一个很复杂的查询语句,每次都完整输入,造成重复工作;如果是视图,就可以隐藏其中的复杂性,展示的只是一条简单查询语句。

1. 视图优点

(1)隐藏信息。可以隐藏一些隐私信息,或无须面对用户的信息,此时,可以使用视图的方式隐藏这些信息,可以提高数据的安全性,面向用户具有简单性。

(2)简化操作。查询一些复杂数据时可能还会有聚合操作或其他运算,将这些操作封装进视图可以简化很多操作。

(3)提高安全性。视图中无数据,创建视图后,可以只授权给用户视图权限,用户无权查看基础数据表或操作基础数据。

(4)提高数据的复用。可以对同一张数据表、或列等创建不同的视图,以提高数据的复用。

2. 使用视图时应注意的几个问题

(1)性能问题。简单视图可能来自同一张表,复杂视图来自多张数据表。视图上不能建立索引,查询性能可能会有一定影响。优化只能针对创建视图时的查询数据表。

（2）更新问题。在 MariaDB 中，更新视图将作用于创建视图时的数据表，如果是单表，则更新相对简单，如果是多表查询构成的视图，则更新变得相对复杂。

（3）创建问题。创建视图时需要具有创建视图权限，这个问题是基本问题。

（4）嵌套问题。视图可以嵌套视图，即创建视图时基础表可来自另外的视图。

由此可知，尽管视图是虚拟表，但视图在现实中同样有重要作用。

8.2 视图创建

在 MariaDB 中，创建视图的基本句法如下：

```
CREATE [OR REPLACE] VIEW v_name AS
    SELECT column_names
    FROM table_names
    [WHERE conditions];
```

上面句法的详细描述如下。

① CREATE VIEW... AS...：创建视图的关键字，AS 后接创建视图的 SQL 语句。

② OR REPLACE：可选，表示是否替换，使用该关键字时，如果存在待创建视图名时，则进行替换操作。

③ v_name：视图名称。

④ SELECT column_names FROM table_names [WHERE conditions]：查询表中数据，类似于查询基本表 SQL，可来自单表或多表。

下面是基于查询单张数据表创建视图的示例：

```
CREATE VIEW v_student AS
    SELECT sid as id,`name`,sex
    FROM student;
```

以上创建的自定义视图中，查询数据表 student 中列 sid、name 和 sex，并且将 sid 列名称更改为 id，从而更好地隐藏原表定义。查询视图 v_student 方式如下：

```
SELECT *
FROM v_student
WHERE id = 1;
```

查询视图时，如同查询真实表，并且隐藏了 classid 列。查询结果如图 8.1 所示。

下面是创建查询两张数据表的方式创建视图的示例：

```
CREATE OR REPLACE VIEW v_student2 AS
SELECT s.sid as id,s.name,c.name as classname,c.location
FROM student s
LEFT JOIN classes c
ON s.classid = c.classid;
```

上面的 SELECT 语句是较复杂的左连接，如果每次查询都这么书写，较复杂，创建的视图 v_student2 隐藏了查询的复杂性。下面是查询视图的方式：

```
SELECT * FROM v_student2;
```

运行结果如图 8.2 所示。

id	name	sex
1	King	男

图 8.1 查询视图结果

id	name	classname	location
1	King	一班	教学1楼
2	Nuna	二班	教学2楼
3	Kitty	(Null)	(Null)

图 8.2 查询视图结果

显然,查询视图方式比输入较复杂的左连接查询语句简单得多,同时,隐藏了不需要显示的列。由此,视图用于查询可体现在以下 3 个方面。

① 重新格式化或重命名检索出的数据。

② 简化复杂的单表和多表连接查询。

③ 过滤数据,可在定义时使用 WHERE 子句显示部分数据。

查看视图列定义的语句如下:

```
DESC v_name;
```

上面语句中,描述如下。

① DESC:查看视图中定义列的关键字,或可写为 DESCRIBE。

② v_name:待查看的视图名。

示例如下:

```
DESC v_student2;
```

运行结果如图 8.3 所示。

Field	Type	Null	Key	Default	Extra
id	int(11)	NO		0	
name	varchar(20)	YES		(Null)	
classname	varchar(50)	YES		(Null)	
location	varchar(255)	YES		(Null)	

图 8.3 查看视图列定义的结构

由图 8.3 可知,尽管视图是虚拟表,但同样具有数据结构定义。

下面是查看定义视图语句的句法:

```
SHOW CREATE VIEW v_name;
```

上面句法中,描述如下。

① SHOW CREATE VIEW:查看视图定义的关键字。

② v_name:待查看的视图名。

示例如下:

```
SHOW CREATE VIEW v_student2;
```

运行结果如图 8.4 所示。

```
MariaDB [db1]> SHOW CREATE VIEW v_student2\G;
*************************** 1. row ***************************
                View: v_student2
         Create View: CREATE ALGORITHM=UNDEFINED DEFINER=`root`@`localhost` SQL SECURITY DEFINER VIEW `v_student2` AS select `s`.`sid` AS `id`,`s`.`name` AS `name`,`c`.`name` AS `classname`,`c`.`location` AS `location` from (`student` `s` left join `classes` `c` on(`s`.`classid` = `c`.`classid`))
character_set_client: utf8mb4
collation_connection: utf8mb4_general_ci
1 row in set (0.000 sec)
```

图 8.4 查看视图的定义

8.3 视图编辑

视图创建完成后，则无须先删除视图再重建。如果是编辑视图结构，可采用下面语句进行视图编辑：

```
ALTER VIEW v_name AS
  SELECT column_names
  FROM table_names
  [WHERE conditions];
```

以上句法与创建视图的句法相似，下面是编辑视图定义的示例：

```
ALTER VIEW v_student AS
SELECT sid as id,`name`,sex,classid
FROM student;
```

在上面的示例中，由于某种原因，可能需要更改已存在的视图定义，如为视图 v_student 增加列 classid。再次查询视图 v_student，示例如下：

```
SELECT * FROM v_student;
```

查询结果如图 8.5 所示。

id	name	sex	classid
1	King	男	1
2	Nuna	女	2
3	Kitty	男	(Null)

图 8.5　查询视图结果

编辑视图的优点是，增加或删除视图中的列不影响查询基本表的数据结构和记录，用户可以随意调整。

如果不再需要视图时，可以删除视图，删除视图的句法如下：

```
DROP VIEW [IF EXISTS]v_name;
```

在上面的句法中，各参数含义如下。

① DROP VIEW：删除视图的关键字。

② IF EXISTS：可选，关键字，如果存在指定视图时，再删除，使用该子句后，如果待删除的视图不存在，则不会报错。

③ v_name：待删除的视图名。

下面是删除视图语句示例：

```
DROP VIEW IF EXISTS v_student;
```

上面语句中，如果存在视图 v_student，则删除；否则不提示错误。

8.4 编辑内容

MariaDB 支持视图的数据更新，但更新视图数据比较复杂。

视图数据来源于数据库中的被引用表，更新视图数据实际是更新数据库中被引用表。更新数据的操作包括新增、修改和删除。

实际上，不是每个视图都可以被更新，如果被更新视图中行和被引用表的行具有一对一

关系,则可以更新视图中数据。下面是创建基于学生数据表的简单视图:

```
CREATE VIEW v_student AS
  SELECT sid as id,`name`,sex
  FROM student;
```

以上视图和被引用表 student 具有一对一关系,下面插入一条数据至视图 v_student:

```
INSERT INTO `v_student`(`name`, `sex`) VALUES ('Maya', '女');
```

运行结果如图 8.6 所示。

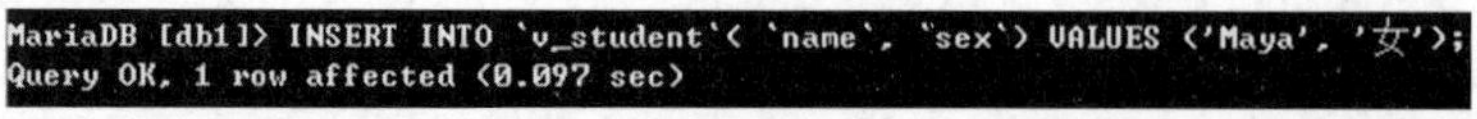
MariaDB [db1]> INSERT INTO `v_student`(`name`, `sex`) VALUES ('Maya', '女');
Query OK, 1 row affected (0.097 sec)

图 8.6　在视图中插入记录

在该简单视图中插入记录成功。同理,简单视图支持更新和删除记录操作。

下面是较复杂视图定义:

```
CREATE VIEW v_student2 AS
SELECT s.sid as id,s.name,c.name as classname,c.location
FROM student s
LEFT JOIN classes c
ON s.classid = c.classid;
```

以上视图是利用左联接方式在两张数据表上创建视图,使用下面语句尝试插入一条记录:

```
INSERT INTO `v_student2`(`name`) VALUES ('Lumy');
```

运行上面插入语句,将提示下面错误:

```
1471 - The target table v_student2 of the INSERT is not insertable-into
```

运行结果如图 8.7 所示。

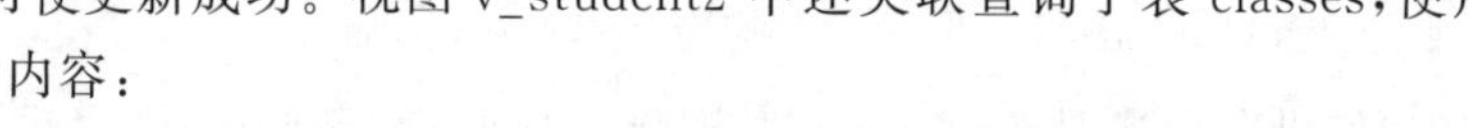
MariaDB [db1]> INSERT INTO `v_student2`(`name`) VALUES ('Lumy');
ERROR 1471 (HY000): The target table v_student2 of the INSERT is not insertable-into

图 8.7　插入视图时错误提示

但是,使用 UPDATE 语句:

```
UPDATE  `v_student2` set `name` = 'kimy' where id = 1;
```

运行后,可使更新成功。视图 v_student2 中还关联查询了表 classes,使用下面语句更新该数据表中内容:

```
UPDATE  `v_student2` set `classname` = '新一班' where id = 1;
```

运行后,可使更新成功,即更新了数据表 classes 中相关内容。那么使用一条更新语句同时更新这两个表的内容:

```
UPDATE  `v_student2` set  `name` = 'kimy', `classname` = '新一班'
where id = 1;
```

运行后,提示下面错误:

```
1393 - Can not modify more than one base table through a join view 'db1.v_student2'
```

显示,不能在一条语句中同时更新多张关联表。使用下面语句删除记录:

```
DELETE FROM `v_student2` WHERE id = 1
```

运行以上语句,提示下面错误:

```
1288 - The target table v_student2 of the DELETE is not updatable
```

提示该视图不能删除记录。

由此可知,当面对一个较复杂视图时,数据的更新操作更加复杂。但基本建议是,尽量不要对视图进行更新操作,视图只用作查询即可,更新操作交给被引用表。

关于视图存在不可编辑记录情况如下。

① 在视图中存在聚合操作,如 count()、max()等。
② GROUP BY 等子句。
③ 查询中具有子查询等。

8.5 触发器概述

MariaDB 数据库支持触发器。触发器和函数、过程一样,是一段嵌入数据库的代码,通过执行触发器,可以执行一系列动作。唯一区别是,触发器无须使用 Call 来调用,也不需手动干预,而是在对数据表执行一定动作后自动触发运行。

在 MariaDB 中,触发器可以在插入数据前、插入数据后、更新数据前、更新数据后、删除数据前和删除数据后执行。数据操作中之所以需要触发器,可简单总结如下。

(1) 在插入或更新数据前,需要检测数据的完整性和正确性,可以在触发器中进行检测。
(2) 增加一条记录、删除一条记录时,需要更新另一张表中的记录总数。
(3) 删除数据时,需要在历史表中记录该条删除记录,以进行归档。

触发器的一个重要作用是,无须手动操作,可以更大程度上减少人工的干预。下面介绍运行触发器的激活事件。

(1) INSERT:在数据表中插入记录时,如 INSERT、LOAD DATA 和 REPLACE 语句的执行前或后,触发器就会被运行。
(2) UPDATE:通过 UPDATE 语句修改记录前或后,触发器就会被运行。
(3) DELETE:通过 DELETE 和 REPLACE 语句在数据表中删除记录前或后时,触发器就会被执行。

使用触发器的优点如下。

(1) 触发器执行是自动运行的。
(2) 触发器可以更大程度上保证了数据的完整性和安全性。
(3) 触发器可以运行更为复杂的检查和操作。

尽管触发器具有很多优点,其使用仍具有一定的局限性。

(1) 处理业务逻辑可能会变得复杂,后期维护变得较困难。
(2) 大量使用触发器可能会增加程序复杂性。
(3) 触发器中如果操作大量数据,执行效率会降低。

提示:在 MariaDB 中,创建触发器的限制是不能在视图上创建 BEFORE 和 AFTER 触发器。

8.6 INSERT 触发器

在 MariaDB 中，INSERT 触发器指在数据表的 INSERT 语句之前或之后执行的一组语句。

创建 INSERT 插入前或插入后触发器的句法如下：

```
CREATE TRIGGER trigger_name
< BEFORE | AFTER > INSERT
    ON table_name
    FOR EACH ROW
BEGIN
    content
END;
```

上面句法的详细描述如下。

① CREATE TRIGGER：创建触发器的关键字。

② trigger_name：创建触发器的名称。

③ BEFORE | AFTER：关键字，必须存在其中之一，指之前或之后。

④ INSERT：关键字，插入操作。

⑤ ON…FOR EACH ROW：关键字，指行级触发，在…表上的每一行都会触发。

⑥ table_name：数据表名，指在该表的插入操作上。

⑦ BEGIN…END：关键字，触发器代码开始标志和结束标志。

⑧ content：触发器具体代码，包括变量定义、执行代码等。

提示：在 INSERT 触发器代码内，可以引用名为 NEW（不区分大小写）的虚拟行来访问被插入行。

下面先创建学生表 student，在该数据表中加入列创建时间，以记录该学生被创建的时间：

```
CREATE TABLE `student` (
    `sid` int(11) NOT NULL AUTO_INCREMENT,
    `name` varchar(25) NOT NULL,
    `sex` varchar(2) DEFAULT NULL,
    `classid` int(11) DEFAULT NULL,
    `createdate` date DEFAULT NULL,
    PRIMARY KEY(`sid`)
);
```

下面创建一个插入记录前的触发器，将服务器当前日期赋予列 createdate：

```
CREATE TRIGGER student_before_insert
BEFORE INSERT
    ON student
    FOR EACH ROW
BEGIN
    set NEW.createdate = CURRENT_DATE();
END;
```

执行完成后，在数据表 student 中插入一条记录时，会自动将 createdate 列赋值为当前服务器日期。

创建插入数据之后的触发器，可以用作插入日志记录。下面先创建简单日志记录表：

```
CREATE TABLE `student_log` (
    `id` int(11) NOT NULL AUTO_INCREMENT,
    `operate` varchar(25) NOT NULL,
    `uname` varchar(25) NOT NULL,
    `createtime` TIMESTAMP ,
    PRIMARY KEY(`id`)
) ;
```

以上日志记录表用于记录 student 表操作的时间、当前操作内容及操作用户。下面创建插入记录后的触发器：

```
CREATE TRIGGER student_after_insert
AFTER INSERT
   ON student FOR EACH ROW
BEGIN
    INSERT INTO `student_log`
      (`operate`, `uname`, `createtime`)
    VALUES
      ('INSERT',CURRENT_USER(),
      CURRENT_TIMESTAMP());
END;
```

以上创建的触发器用于记录插入 student 表后的日志，运行完成以上语句后，下面语句在 student 表插入一条记录：

```
INSERT INTO `student`(`name`, `sex`, `classid`) VALUES('Luky', '男', 1);
```

查看表 student，如图 8.8 所示。

由图 8.8 可知，新插入的记录中，列 createdate 自动加入了日期。接着，查看 student_log 表，如图 8.9 所示。

```
MariaDB [db1]> SELECT * FROM student;
+-----+------+-----+---------+------------+
| sid | name | sex | classid | createdate |
+-----+------+-----+---------+------------+
|   1 | Luky | 男  |       1 | 2021-11-16 |
+-----+------+-----+---------+------------+
1 row in set (0.000 sec)
```

图 8.8 查看表 student 中插入的记录

```
MariaDB [db1]> SELECT * FROM student_log;
+----+---------+----------------+---------------------+
| id | operate | uname          | createtime          |
+----+---------+----------------+---------------------+
|  1 | INSERT  | root@localhost | 2021-11-16 17:43:05 |
+----+---------+----------------+---------------------+
1 row in set (0.000 sec)
```

图 8.9 student_log 表中记录

由图 8.9 可知，在表 student_log 自动加入了 INSERT 日志。

至此完成插入数据前和插入数据后触发器创建，插入数据后触发器可以自动记录日志或者作统计、求和等聚合操作。

8.7 UPDATE 触发器

更新触发器可以在数据表的 UPDATE 操作之前或之后进行触发，基本句法如下：

```
CREATE TRIGGERt rigger_name
```

```
    < BEFORE | AFTER > UPDATE
ON table_name
    FOR EACH ROW
BEGIN
    content
END;
```

上面句法的详细描述如下。

① CREATE TRIGGER：创建触发器的关键字。

② trigger_name：创建触发器的名称。

③ BEFORE | AFTER：关键字，必须为其中之一，指之前或之后。

④ UPDATE：关键字，更新操作。

⑤ ON … FOR EACH ROW：关键字，指行级触发，在…表上的每一行都会触发。

⑥ table_name：数据表名，指在该表的更新操作上。

⑦ BEGIN …END：关键字，触发器代码开始和结束标志。

⑧ content：触发器具体代码，包括变量定义、执行代码等。

在 UPDATE 操作上创建触发器，可以创建更新数据前和后两类触发器。常见的操作是记录更新时间，则可以在更新数据前，赋值当前时间；更新完成后，可以记录更新日志等。

下面重新创建数据表 student，加入更新时间：

```
CREATE TABLE `student` (
    `sid` int(11) NOT NULL AUTO_INCREMENT,
    `name` varchar(25) NOT NULL,
    `sex` varchar(2) DEFAULT NULL,
    `classid` int(11) DEFAULT NULL,
    `updatetime` TIMESTAMP NULL,
    PRIMARY KEY(`sid`)
);
```

接着创建更新前触发器，以加入当前服务器更新时间：

```
CREATE TRIGGER student_before_update
BEFORE UPDATE
    ON student FOR EACH ROW
BEGIN
    set NEW.updatetime = CURRENT_TIMESTAMP();
END;
```

下面创建更新后触发器，将更新动作加入日志：

```
CREATE TRIGGER student_after_update
AFTER UPDATE
    ON student FOR EACH ROW
BEGIN
    INSERT INTO `student_log`
        (`operate`, `uname`, `createtime`)
    VALUES
        ('UPDATE',CURRENT_USER(),
        CURRENT_TIMESTAMP());
END;
```

以上创建了两个触发器，分别作用于 student 表更新前后，即在更新 student 表之前，将在列 updatetime 中加入当前时间，更新完成后，将在 student_log 表中加入更新日志。

下面在表 student 中加入一条记录：

```
INSERT INTO `student`(`name`, `sex`, `classid`) VALUES ('Luky', '男', 1);
```

运行完成后，接着运行下面 UPDATE 语句：

```
UPDATE `student` set `name` = 'Tom' wheresid = 1;
```

运行完成后，查看表 student，如图 8.10 所示。

```
MariaDB [db1]> SELECT * FROM student;
+-----+------+------+---------+---------------------+
| sid | name | sex  | classid | updatetime          |
+-----+------+------+---------+---------------------+
|   1 | Tom  | 男   |       1 | 2021-11-16 17:49:59 |
+-----+------+------+---------+---------------------+
1 row in set (0.000 sec)
```

图 8.10　UPDATE 操作后查看数据表

由图 8.10 可知，在列 updatetime 中自动加入当前日期和时间。接着查看表 student_log，如图 8.11 所示。

```
MariaDB [db1]> SELECT * from student_log;
+----+---------+----------------+---------------------+
| id | operate | uname          | createtime          |
+----+---------+----------------+---------------------+
|  1 | INSERT  | root@localhost | 2021-11-16 17:43:05 |
|  2 | UPDATE  | root@localhost | 2021-11-16 17:49:59 |
+----+---------+----------------+---------------------+
2 rows in set (0.000 sec)
```

图 8.11　查看表 student_log

由图 8.11 可知，在表 student_log 中加入了一条关于 UPDATE 操作的记录。

8.8　DELETE 触发器

在 MariaDB 中支持在 DELETE 语句执行前和后创建触发器，基本句法如下：

```
CREATE TRIGGER trigger_name
< BEFORE | AFTER > DELETE
    ON table_name
    FOR EACH ROW
BEGIN
    content
END;
```

上面句法的详细描述如下。

① CREATE TRIGGER：创建触发器的关键字。

② trigger_name：创建触发器的名称。

③ BEFORE | AFTER：关键字，必须为其中之一，指之前或之后。

④ DELETE：关键字，删除操作。

⑤ ON … FOR EACH ROW：关键字，指行级触发，在…表上的每一行都会触发。

⑥ table_name：数据表名，指在该表的删除操作上。

⑦ BEGIN …END：关键字，触发器代码开始和结束标志。

⑧ content：触发器具体代码，包括变量定义、执行代码等。

数据表上的删除前触发器，可以检测数据的完整性，可以禁止删除，比如某些记录是不能进行删除的。下面创建 student 删除前触发器，判断如果当前待删除记录的 sid 为 1 时，则禁止删除：

```
CREATE TRIGGER student_before_delete
BEFORE DELETE
    ON student FOR EACH ROW
BEGIN
  declare msg varchar(255);
  set msg = "禁止删除第一条记录";
     IF OLD.sid = 1 THEN
        SIGNAL SQLSTATE 'HY000' SET MESSAGE_TEXT = msg;
     END IF;
END;
```

上面的代码中，OLD 对象是虚拟列，表示待删除行，通过该对象可以访问待删除行中各列数据。

提示：SQLSTATE 是标识 SQL 错误条件的代码，此处代码 HY000 表示一般错误。

下面创建删除后触发器，将删除动作加入日志：

```
CREATE TRIGGER student_after_delete
AFTER DELETE
    ON student FOR EACH ROW
BEGIN
    INSERT INTO `student_log`
        (`operate`, `uname`, `createtime`)
    VALUES
      ('DELETE',CURRENT_USER(),
        CURRENT_TIMESTAMP());
END;
```

执行完成以上语句后，执行下面的删除语句：

```
DELETE FROM student where sid = 1;
```

执行完成后，将提示错误，如图 8.12 所示。

```
MariaDB [db1]> DELETE FROM student where sid = 1;
ERROR 1644 (HY000): 禁止删除第一条记录
```

图 8.12 执行了 DELETE 前触发器

由图 8.12 可知，当尝试删除 sid 为 1 的记录时，将禁止删除。假设该数据表中有 sid 为 2 的记录，执行下面的删除语句：

```
DELETE FROM student where sid = 2;
```

执行完成后，结果如图 8.13 所示。

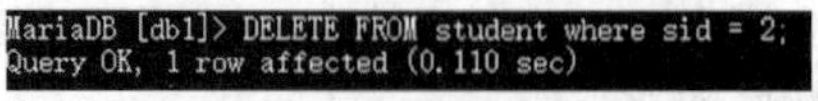

```
MariaDB [db1]> DELETE FROM student where sid = 2;
Query OK, 1 row affected (0.110 sec)
```

图 8.13 删除 sid=2 的记录

由图 8.13 可知，可正常删除 sid 为 2 的记录。接着，查看表 student_log，如图 8.14 所示。

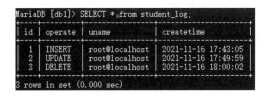

图 8.14 查看 DELETE 后日志

由图 8.14 可知，当删除完成后，将在日志中加入一条 DELETE 操作日志。

由以上示例可知，删除前触发器可用于保护一些重要数据。比如，用户表中，表示管理员的记录不能删除，可将判断操作放入删除前触发器中，以有效保护数据。

8.9 查看和删除触发器

至此，介绍了在 MariaDB 中数据表上的多种触发器，并且在一张数据表最多创建 6 种触发器，即 INSERT、UPDATE 和 DELETE 操作语句上的 BEFORE、AFTER 操作。

创建完成触发器后，可以使用下面的语句查看触发器：

SHOW TRIGGERS;

以上命令可查看所有触发器，示例如图 8.15 所示。

Trigger	Event	Table	Statement	Timing
student_before_update	UPDATE	student	BEGIN set NEV	BEFORE
student_after_update	UPDATE	student	BEGININSERT	AFTER
student_before_delete	DELETE	student	BEGIN declare	BEFORE
student_after_delete	DELETE	student	BEGININSERT	AFTER

图 8.15 查看触发器

图 8.15 列出了所有触发器、触发事件、触发事件以及作用的数据表等。

当然，还可以通过下面查询语句查看触发器：

SELECT * FROM information_schema.`TRIGGERS`;

查询后结果如图 8.16 所示。

TRIGGER_CATALOG	TRIGGER_SCHEMA	TRIGGER_NAME	EVENT_MANIPULATION	EVENT_OBJECT_CATALOG	EVENT_OBJECT_SCHEMA	EVENT_OBJ
def	db1	student_before_update	UPDATE	def	db1	student
def	db1	student_after_update	UPDATE	def	db1	student
def	db1	student_before_delete	DELETE	def	db1	student
def	db1	student_after_delete	DELETE	def	db1	student

图 8.16 通过查询数据表形式查看触发器

详细信息都记录在该数据表中，可以通过更加复杂的查询来查看指定的触发器。

下面是删除触发器的命令：

DROP TRIGGER trigger_name;

上面句法的详细描述如下。

① DROP TRIGGER：删除触发器的关键字。

② trigger_name：待删除的触发器名称。

示例如下：

```
DROP TRIGGER student_before_delete;
```

执行完以上命令后，将删除触发器 student_before_delete。

本章小结

本章介绍了 MariaDB 中两个重要内容，即视图和触发器。视图可以隐藏查询的复杂性以及部分不需要显示给用户的列，可简化操作，本章详细介绍了视图的创建、编辑，以及探讨了视图数据的更新问题；MariaDB 同时提供了触发器操作，触发器是一组执行代码，同一张数据表可最多拥有 6 个触发器，可以有效保护数据完整性、隐藏复杂算法、提供数据安全性等，尽管使用触发器有部分诟病，如不透明、可移植性差等问题，但是，加快一个数据库系统开发，使用触发器还是很有必要的。

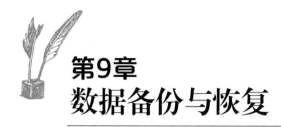

第9章 数据备份与恢复

在任何一个系统中,数据的备份都是非常重要的一部分,每年因为数据的丢失而造成公司、单位损失的事情时有发生。基于此,MariaDB 数据库为数据备份与恢复提供了多种解决方案,本章将介绍 MariaDB 数据库中数据的备份与恢复操作。

9.1 概述

在数据库操作中,保障数据安全是首要任务。MariaDB 数据库提供了数据的备份和恢复策略,可以有效保障数据库中数据的安全。

数据库备份是指为了防止系统出现错误、宕机、病毒感染、错误升级等故障时导致数据的丢失,而将数据部分或全部复制到一个安全地方,即保障数据安全性的一种手段。数据库备份是从建立数据库之初应该考虑的一种保障数据安全的策略。

MariaDB 提供了多种数据备份策略。

(1) 全量备份:即将数据一次性备份,适用于初次备份时,将数据库中数据全部备份一次。但对于大数据量数据备份耗时比较多。

(2) 增量备份:针对新增数据进行备份,根据备份频率,备份时间有所不同。

(3) 主从备份:类似于实时备份,一台主服务器可读写操作,另一台或多台从服务器只支持读操作,数据能实时同步。进一步提高数据安全性。

备份频率,即何时备份数据,有以下策略。

(1) 每天自动备份:如果每天数据增量较多,则建议每天晚上数据库操作较少时自动增量备份。

(2) 每周自动备份:数据操作不是太频繁,可每周自动备份数据一次。

(3) 人为备份:人为操作备份数据的过程,根据数据情况,人为干预备份的过程。

人为备份会增加人工操作的工作量,应该将备份操作自动化,也可减少人为操作可能出现的错误。

如果采用自动备份策略,人为干预应该经常查看备份是否正确、备份磁盘是否已经被写满等。主要方式是：将备份数据导入测试库，查看备份是否正确，防止备份文件错误。

备份工具。MariaDB 提供了多种备份工具，包括 mysqldump、mariabackup 等，另外，第三方厂商也提供了一些有效备份和恢复的工具。

9.2 完整备份和还原

Mariabackup 是 MariaDB 提供的开源工具，可用于执行 InnoDB、MyRocks、Aria 和 MyISAM 表的物理在线备份。该工具由 MariaDB 官方提供，目的是更好地支持 MariaDB 数据库中一些新特性的备份解决方案。

9.2.1 Mariabackup 安装

在 Windows 安装版中，该工具已经包含在 bin 目录中，可直接使用。

在 CentOS 系统中，该工具需要单独进行安装，安装命令如下：

```
# dnf install MariaDB-backup
```

在 Ubuntu 系统中，采用下面命令安装该工具：

```
$ sudo apt-get install mariadb-backup
```

安装完成后，可使用下面命令查看安装后的状态：

```
mariabackup -version
```

安装正确，应该能输出 Mariabackup 当前的版本，示例如图 9.1 所示。

```
[root@localhost ~]# mariabackup -version
mariabackup based on MariaDB server 10.6.5-MariaDB Linux (x86_64)
```

图 9.1 查看 Mariabackup 版本

9.2.2 完整备份

使用 Mariabackup 工具备份的命令示例如下：

```
mariabackup --backup --target-dir=D:\databackup --user=root --password=root
```

以上命令中，mariabackup 是备份的关键字，各参数描述如下。

① --backup：告诉该命令为备份，备份时必须带该参数。

② --target-dir：备份到的目录，后跟目录位置，以上示例是 Windows 下的目录表示方式。

③ --user：指定备份的用户名。

④ --password：指定用户名对应的密码。

提示：使用 Mariabackup 工具进行完全备份时，目标目录必须为空或不存在。备份过程中，Mariabackup 将备份文件写入目标目录。如果目标目录不存在，那么该命令将创建它。如果目标目录存在但是包含有文件，那么将引发错误并中止。

在 Windows 下，使用上面命令备份完成后，查看备份目录如图 9.2 所示。

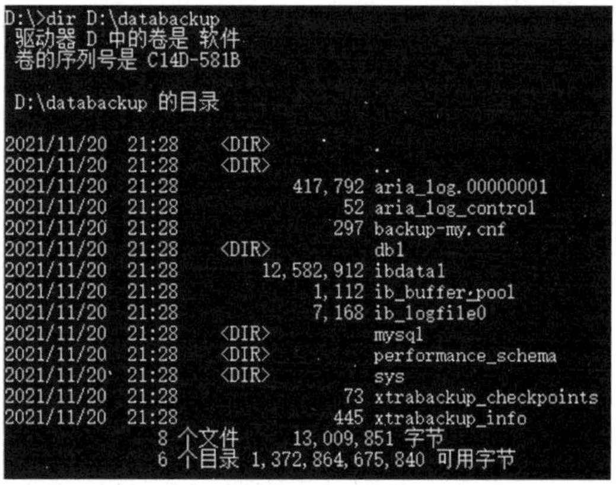

图 9.2　备份后的目录

至此，完整备份数据库结束。

9.2.3　还原备份

还原备份数据时，首先需要保持备份数据的一致性，使用下面的命令进行操作：

mariabackup －－ prepare －－ target － dir = D:\databackup

上面命令中，参数描述如下。
① --prepare：用于准备数据，必须带该参数。
② --target-dir：指定备份数据的目录。
为了数据还原正确性，在还原之前，建议最好先运行上面的命令。
准备一个空的数据库，或是停止数据库，清空数据库中 data 文件夹内容。
还原数据库使用下面的命令：

mariabackup <－－ copy － back | －－ move － back > －－ target － dir = C:\databackup

上面命令中，参数描述如下。
① --copy-back：表示复制还原，保留备份数据。
② --move-back：表示移动还原，不保留备份数据，以上两个参数必须带一个。
③ --target-dir：指备份文件的存放位置。
使用上面还原命令的示例如下：

mariabackup －－ copy － back －－ target － dir = D:\databackup

提示：如果是在 CentOS 中进行数据的备份和还原操作，还原后，还需要采用下面命令更改数据目录的权限：

$ chown － R mysql:mysql /usr/mariadb/data

上面命令中，/usr/mariadb/data 表示 MariaDB 的数据目录。
等待还原命令执行完成，然后启动 MariaDB 数据库服务。MariaDB 数据库服务器正常启动，至此完成数据库的还原备份。

9.3 增量备份

如果数据库增长很快,如数据库已经达到 100GB 或 1TB 以上,此时,完整备份一次数据库花费时间较长,那么备份可采用增量备份方式来备份数据。

在采用增量备份时,需要先采用 9.2.2 小节介绍的完整方式进行一次完整备份。一旦采用完整方式备份一次 MariaDB 数据库后,可以在其上采用多次增量备份。

增量备份命令示例如下:

```
mariabackup --backup --target-dir=D:\databackupinc1
    --incremental-basedir=D:\databackup --user=root --password=root
```

在上面命令中,参数描述如下。

① --backup:表示备份,备份时,必须带该参数。

② --target-dir:指定增量备份目录放置在何处,上面示例中 D:\databackupinc1 表示 Windows 下目录写法。

③ --incremental-basedir:指定进行上述增量备份时,基于完整备份的路径。

④ --user:备份的用户名。

⑤ --password:上述用户名的登录密码。

以上命令将创建一系列增量文件。采用上面命令还可创建多次增量备份,多次增量备份时,需要将上一个增量备份的目标目录用作下一个增量备份的增量基本目录,示例如下:

```
mariabackup --backup --target-dir=D:\databackupinc2
    --incremental-basedir=D:\databackupinc1 --user=root --password=root
```

以上命令基于上一次增量备份目录 D:\databackupinc1,创建了二次增量备份,存放在目录 D:\databackupinc2 中。

以此,可以反复叠加,实现同一个数据库的增量备份,可节省数据库的备份时间。

采用以上方式实现数据的增量备份,在还原时,一是需要准备完全量数据,其次,合并增量备份数据至全量数据。

准备全量数据命令如下:

```
mariabackup --prepare --target-dir=D:\databackup
```

接着,合并增量数据:

```
mariabackup --prepare --target-dir=D:\databackup
    --incremental-dir=D:\databackupinc1
```

上面命令中,参数描述如下。

① --target-dir:待合并的完整备份目录。

② --incremental-dir:待合并的增量备份目录。

有多个增量备份时,使用上面命令多次即可。

最后,停止 MariaDB 数据库服务,清空数据文件夹 data。使用下面命令还原:

```
mariabackup --copy-back --target-dir=D:\databackup
```

至此，介绍完使用 MariaDB-backup 工具增量备份 MariaDB 数据库，以及如何还原数据。提示，在每次增量备份时，如果备份命令中参数--incremental-dir 的值都指向最初完整备份目录，则备份都是基于最初完整备份进行的增量备份，故参数--incremental-dir 的值一定要指向最近增量备份的目录；在还原备份前一定要合并所有的增量备份。

9.4　使用 mysqldump

使用 mysqldump 备份和还原数据是另一种有效策略，其提供了灵活的逻辑备份，该工具在安装 MariaDB 数据库时已经默认安装。该工具可以将数据库内容导出为 SQL 语句，包含创建数据库所必需的命令 CREATE、导入数据的 INSERT 等。

下面是使用 mysqldump 导出数据库 db1 数据的简单命令：

```
mysqldump –databases=db1 --user=root --password=root>D:\back.sql
```

以上命令将创建数据库 db1、创建其中数据表以及数据等导出为 SQL 语句，并存储到文件 D:\back.sql 中。

导入数据的方法是，在一个新建数据库中，使用具有创建数据库等命令权限用户登录 MariaDB 数据库，运行 source 命令执行上面导出的 SQL 语句，命令如下：

```
MariaDB [db1]> source D:\back.sql;
```

以上命令是运行 SQL 文件的一种方式，另一种方式是直接在终端或命令提示符下采用下面命令运行 SQL 语句：

```
mysql --user=root --password=root<D:\back.sql
```

采用 mysqldump 导出和备份数据的优点是，可以根据需要只备份创建结构或只备份数据等，如果可能，用户可以使用文本编辑工具，修改导出后的 SQL 文件。mysqldump 命令提供了较多有用参数，可根据需要灵活选用，表 9.1 是 mysqldump 工具提供的主要参数及描述。

表 9.1　mysqldump 命令中参数描述

参　　数	描　　述
-A, --all-databases	导出所有数据库
-Y, --all-tablespaces	导出所有表空间
-y, --no-tablespaces	不导出任何表空间信息
--add-drop-database	在每个数据库创建之前添加 drop 数据库语句
--add-drop-table	在每个数据表创建之前添加 drop 数据表语句（默认打开，使用--skip-add-drop-table 取消）
--add-drop-trigger	在每个触发器创建之前添加 drop 命令
--add-locks	在每个表导出之前增加 LOCK TABLES 并且之后增加 UNLOCK TABLE（默认为打开状态，使用--skip-add-locks 取消）
--allow-keywords	允许创建关键字的列名字
--apply-slave-statements	在 'CHANGE MASTER' 前添加 'STOP SLAVE'，并且在导出的最后添加 'START SLAVE'

续表

参　　数	描　　述
--character-sets-dir＝name	字符集文件的目录
-i，--comments	附加注释信息(默认为打开,使用--skip-comments取消)
--compatible＝name	将转储更改为与给定模式兼容。默认情况下,数据表以针对MariaDB优化的格式导出。合法模式包括 ansi、mysql323、mysql40、PostgreSQL、oracle、mssql、db2、maxdb、no_key_options、no_table_options、no_field_options。使用中可以用逗号分隔几种模式
--compact	导出更少的输出信息
-c，--complete-insert	使用完整的insert语句
-C，--compress	在服务器/客户端协议中使用压缩
-a，--create-options	在CREATE TABLE语句中包括所有MariaDB特性选项(默认为打开状态,使用--skip-create-options取消)
-B，--databases	导出多个数据库
--debug-check	检查内存和打开文件使用说明并退出
--debug-info	在结尾输出调试信息
--default-character-set＝name	设置默认字符集
--delayed-insert	插入具有INSERT DELAYED的行
--delete-master-logs	master备份后删除日志
-K，--disable-keys	对于每个表,用/*!40000 ALTER TABLE tbl_name DISABLE KEYS */;和/*!40000 ALTER TABLE tbl_name ENABLE KEYS */;语句引用INSERT语句。默认为打开状态
--dump-slave	该选项将导致主库的binlog位置和文件名追加到导出数据的文件中。设置为1时,将会以CHANGE MASTER命令输出到数据文件;设置为2时,在命令前增加说明信息。该选项将会打开--lock-all-tables,除非--single-transaction被指定
-E，--events	导出事件
-e，--extended-insert	使用具有多个VALUES列的INSERT语法。默认为打开状态,使用--skip-extended-insert取消选项
--fields-terminated	输出文件中的字段以给定的字符串终止
-h，--host＝name	连接至服务器
--ignore-database＝name	不导出指定数据库
--ignore-table＝name	不导出指定数据表
--insert-ignore	在插入行时使用INSERT IGNORE语句
--lines-terminated-by＝name	输出文件的每行用给定字符串划分
-x，--lock-all-tables	提交请求锁定所有数据库中的所有表,以保证数据的一致性
-l，--lock-tables	开始导出前,锁定所有表
-n，--no-create-db	只导出数据,而不添加CREATE DATABASE语句
-t，--no-create-info	只导出数据,而不添加CREATE TABLE语句
-d，--no-data	不导出任何数据,只导出数据库表结构
--opt	等同于--add-drop-table、--add-locks、--create-options、--quick、--extended-insert、--lock-tables、--set-charset、--disable-keys,该选项默认开启,使用--skip-opt取消
--order-by-primary	如果存在主键,或者第一个唯一键,对每个表的记录进行排序

续表

参　　数	描　　述
-p，--password[＝name]	连接数据库的密码
-P，--port=	连接数据库端口号
--protocol=name	连接协议
-R，--routines	导出存储过程以及自定义函数
--set-charset	添加'SET NAMES　default_character_set'到输出文件
--dump-date	将导出时间添加到输出文件中
--skip-opt	禁用-opt 选项
--ssl	启用 SSL 进行连接
--tables	覆盖--databases (-B)参数，指定需要导出的表名
--triggers	导出触发器
-u，--user=name	指定连接的用户名
-w，--where=name	只导出给定的 WHERE 条件选择的记录
-X，--xml	导出格式为 XML
--plugin-dir=name	客户端插件的目录

下面是一些使用 mysqldump 命令的示例：

mysqldump －uroot －proot ――databases db1＞D:\db1.sql

上面语句只导出数据库 db1。

mysqldump －uroot －proot ――databases db1 ――tables student＞D:\db1.sql

上面语句将只导出数据库 db1 中数据表 student。

mysqldump －uroot －proot ――no－create－info ――databases db1＞D:\db1.sql

上面语句将导出数据库 db1，但不包含 CREATE TABLE 数据表命令。

mysqldump －uroot －proot ――no－data ――databases db1＞D:\db1.sql

上面语句将导出数据库 db1 中数据表的创建语句，但不包含数据表内容。

以上详细介绍了 mysqldump 命令参数及其使用方法，通过该命令，可根据需要，灵活指定数据库、数据表、记录等备份。

9.5　主从备份

主从备份的优点是从数据库始终和主数据库保持一致，可以实现主数据库的读写操作、从数据库的读操作，以保障数据库的数据安全性。

在 MariaDB 数据库的主从模式下，对主数据库的所有操作，都会同步到备份数据库中。提示：主数据库和备份数据库的初始环境必须完全一致。主从备份模型的简单示例如图 9.3 所示。

主从备份的优点如下。

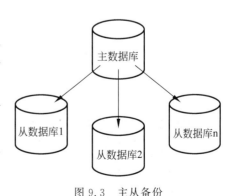

图 9.3　主从备份

（1）数据安全性：数据已复制到从属服务器，并且从属服务器可以暂停复制过程，从而在从属服务器上运行备份服务而不会影响主数据，因此可以生成有效的"实时"数据快照；否则将需要关闭主服务器。

（2）增强分析能力：可在主服务器上创建实时数据，而相关数据的分析在从服务器上进行，而不会影响主服务器的性能。

（3）负载均衡：在多数情况下，只有一个主服务器，可以将不同的数据库复制到不同的从服务器，这样在数据分析过程中能有效分散负载。

（4）减轻故障转移：可以设置一个主机和一个从机（或多个从机），然后编写一个脚本来监视主机，以检查主机是否启动。可以设置应用程序和从属设备在主服务器发生故障的情况下更换主设备。

下面演示如何在两台服务器间设置主从备份。

准备两台 Windows 服务器，并在其中分别安装同一版本的 MariaDB 数据库，设置 IP 地址如下：

主服务器　192.168.137.13；

从服务器　192.168.137.15。

同时，确保这两台服务器能互通。

下面配置主服务器。在 192.168.137.13 中找到 MariaDB 数据库的配置文件 my.ini，在其中节[mysqld]下，增加下面内容：

```
#主从设置,服务器 id 应该唯一
server-id=1
log-bin=mysql-bin
binlog-format=MIXED
```

在上面配置中，binlog-format 配置的是 binlog 文件的模式，有以下 3 个选项。

（1）STATEMENT：基于 SQL 语句级别，记录每一条修改数据的 SQL 语句，如果没有设置，则该项是默认采用策略。

（2）ROW：基于行的级别。记录每一行记录的变化，也即记录每一行的修改都记录在 binlog 中，不记录 SQL 语句。

（3）MIXED：即上述两种混合模式。默认使用 STATEMENT，特殊情况下会切换至 ROW。

配置完成后，重启 MariaDB 服务。进入命令行模式，运行下面命令创建用于从服务登录用的用户：

```
MariaDB [(none)]> create user slave identified by 'slave';
```

接着，使用下面命令授权：

```
MariaDB [(none)]> grant replication slave on *.* to 'slave'@'192.168.137.15' identified by 'slave';
```

上面命令授予用户 slave 具有从 IP 为 192.168.137.15 的从服务器进行所有数据库数据的复制。运行下面命令查看主服务器当前状态：

```
show master status;
```

运行后，结果如图 9.4 所示。

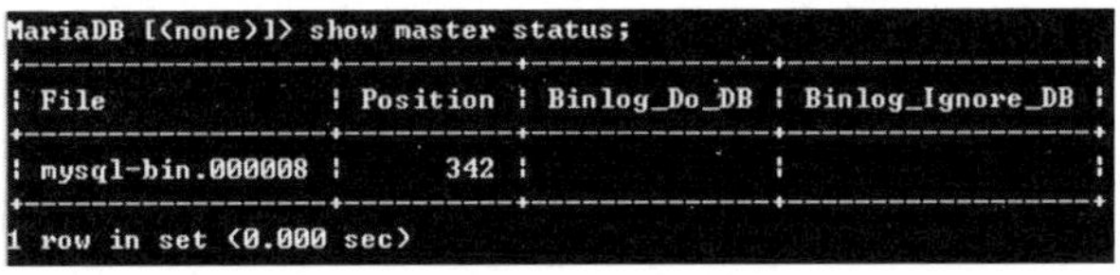

```
MariaDB [(none)]> show master status;
+------------------+----------+--------------+------------------+
| File             | Position | Binlog_Do_DB | Binlog_Ignore_DB |
+------------------+----------+--------------+------------------+
| mysql-bin.000008 |      342 |              |                  |
+------------------+----------+--------------+------------------+
1 row in set (0.000 sec)
```

图 9.4　主服务器状态

在配置从服务器时，会用到图 9.4 所示的服务器状态。

在从服务器 192.168.137.15 中，打开 MariaDB 数据库的配置文件 my.ini，在其中的节[mysqld]下，增加下面内容：

```
server - id = 2
slave - skip - errors = all
```

在上面配置中，slave-skip-errors = all 表示忽略主服务器出现的错误，防止主服务器出现错误后而停止从服务器的复制操作。配置完成后，重启从服务器上的 MariaDB 服务。进入 MairaDB 的命令行模式，输入下面的内容：

```
MariaDB > CHANGE MASTER TO
MASTER_HOST  =  '192.168.137.13',
MASTER_USER  =  'slave',
MASTER_PASSWORD  =  'slave',
MASTER_PORT  =  3306,
MASTER_LOG_FILE = 'mysql - bin.000008',
MASTER_LOG_POS = 342;
```

在上面的命令中，“CHANGE MASTER TO”命令是在配置 MariaDB 主从备份时，必须在从服务器上执行的操作，以此确定需要同步的主机 IP、连接用户名、密码、binlog 文件、binlog 位置等信息。参数描述如下。

① MASTER_HOST：master 主机名或 IP。

② MASTER_PORT：master 主机上实例端口号。

③ MASTER_USER：连接到 master 主机能用于复制的用户名。

④ MASTER_PASSWORD：上述用户名对应的密码。

⑤ MASTER_LOG_FILE：master 主机中 MariaDB 的文件名，如图 9.4 中 File 的值。

⑥ MASTER_LOG_POS：开始读取的位置，如图 9.4 中 Position 的值。

运行以上命令后，结果如图 9.5 所示。

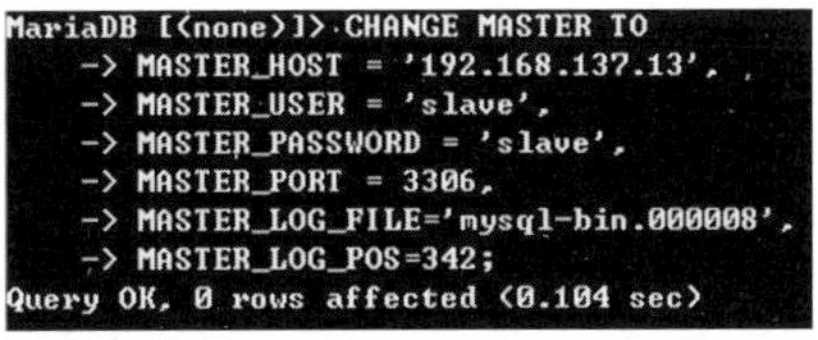

```
MariaDB [(none)]> CHANGE MASTER TO
    -> MASTER_HOST = '192.168.137.13',
    -> MASTER_USER = 'slave',
    -> MASTER_PASSWORD = 'slave',
    -> MASTER_PORT = 3306,
    -> MASTER_LOG_FILE='mysql-bin.000008',
    -> MASTER_LOG_POS=342;
Query OK, 0 rows affected (0.104 sec)
```

图 9.5　CHANGE MASTER TO 命令

运行成功后，执行下面命令：

```
MariaDB > start slave;
```

启动 slave 服务，至此完成主从服务器的配置。根据以上配置方法，可以配置多个从服务器。在主服务器上的 MariaDB 数据库中，增加数据或新增数据表等操作，随后查看从服务器，从服务器的 MariaDB 中将随之具有相同内容。

9.6 主主备份

MariaDB 支持主主备份，即双主或多主备份。主从备份支持在一台主数据库的多写，其他从数据库只读操作，缺点是只有主数据库才具有写操作，在数据库写操作多时，主数据库的压力较大。主主备份为了解决这个问题，使每个数据库都具有写操作，同时，将写入的动作复制到其他数据库中，即数据库之间互为主从关系。

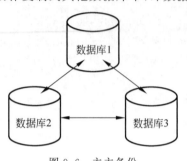

图 9.6 所示为 3 个 MariaDB 数据库之间互为主主备份关系，即每个数据库支持数据的写入，同时还具备复制数据功能。

下面介绍在两个 MariaDB 数据库间创建主主备份关系。

准备两台 Windows 服务器，并在其中分别安装同一版本的 MariaDB 数据库，设置 IP 地址如下：

服务器 1   192.168.137.16；
服务器 2   192.168.137.17。

图 9.6 主主备份

同时，确保这两台服务器能互通。

下面配置服务器 1 中的 MariaDB 数据库，在 192.168.137.16 中找到 MariaDB 数据库的配置文件 my.ini，在其中节[mysqld]下，增加下面内容：

```
server-id = 1
log-bin = mariadb-bin

binlog-ignore-db = mysql                      #忽略其中的 mysql 库
binlog-ignore-db = information_schema         #忽略其中的 information_schema 库
auto-increment-increment = 2                  #设置自增长：步进值，n 台主 MariaDB 需要填 n
auto-increment-offset = 1                     #当前起始值：填写当前第 n 台主 MariaDB
```

配置完成后，保存以上配置文件，重启 MariaDB 数据库，进入命令行模式，使用下面命令创建用于复制的用户：

```
MariaDB [(none)]> create user 'repl'@'%' IDENTIFIED BY 'repl';
MariaDB [(none)]> grant replication slave on *.* to 'repl'@'%';
```

以上命令创建了用户 repl，并赋予其复制权限。使用下面命令，从 Master-1 服务器获取 bin_log 数据：

```
MariaDB [(none)]> show master status;
```

运行结果如图 9.7 所示。

以上完成配置服务器 1 操作。下面，进入服务器 2，在 192.168.137.17 中，找到 MariaDB 数据库的配置文件 my.ini，在其中节[mysqld]下，增加下面内容：

```
server-id = 2
```

图 9.7　show master status 命令

```
log - bin = mariadb - bin

binlog - ignore - db = mysql                    #忽略其中的 mysql 库
binlog - ignore - db = information_schema       #忽略其中的 information_schema 库
auto - increment - increment = 2                #设置自增长：步进值，n 台主 MariaDB 需要填 n
auto - increment - offset = 2                   #当前起始值：填写当前第 n 台主 MariaDB
```

保存以上配置文件,重启 MariaDB 数据库,进入命令行模式,使用下面命令创建用于复制的用户：

MariaDB [(none)]> create user 'repl'@'%' IDENTIFIED BY 'repl';
MariaDB [(none)]> grant replication slave on *.* to 'repl'@'%';

以上命令创建了用户 repl,并赋予其复制权限。使用下面命令,从 Master-2 服务器获取 bin_log 数据：

MariaDB [(none)]> show master status;

运行结果如图 9.8 所示。

图 9.8　show master status 命令

下面配置在这两台服务器间的复制操作。

在 192.168.137.17 服务器的命令提示符下,使用下面停止命令：

MariaDB [(none)]> STOP SLAVE;

使用下面命令将 192.168.137.16 添加到 192.168.137.17 服务器中：

MariaDB [(none)]> CHANGE MASTER TO MASTER_HOST = '192.168.137.16',
MASTER_USER = 'repl',
MASTER_PASSWORD = 'repl',
MASTER_LOG_FILE = 'mariadb - bin.000001',
MASTER_LOG_POS = 330;

接着,启动复制：

MariaDB [(none)]> start slave;

同理,在 192.168.137.16 服务器的命令提示符下执行下面的命令：

MariaDB [(none)]> STOP SLAVE;

使用下面命令将 192.168.137.17 添加到 192.168.137.16 服务器中：

MariaDB [(none)]> CHANGE MASTER TO MASTER_HOST = '192.168.137.17',
MASTER_USER = 'repl',

```
MASTER_PASSWORD = 'repl',
MASTER_LOG_FILE = 'mariadb-bin.000001',
MASTER_LOG_POS = 653;
```

执行下面命令,启动复制:

```
MariaDB [(none)]> start slave;
```

使用下面命令查看 slave 状态:

```
MariaDB [(none)]> show slave status \G;
```

运行结果如图 9.9 所示。

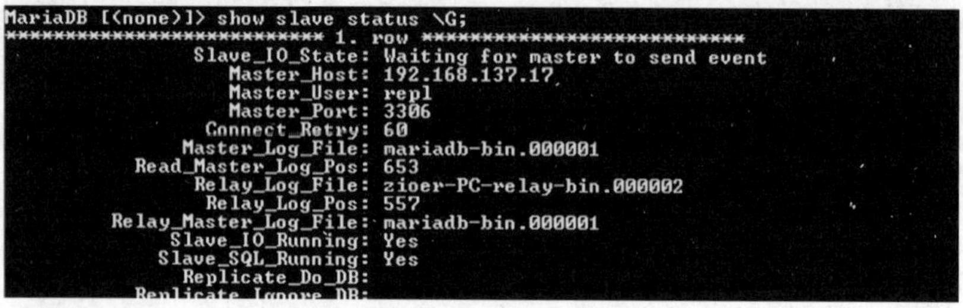

图 9.9　show slave status 命令

至此,完成两台 MariaDB 数据库间的主主备份。

测试的方法很简单,在其中一个数据库中加入数据表和数据,可见另一个数据库将会同步数据。提示:主主备份的配置中,重要的是配置自增长方式,以防止多个数据库加入数据时主键重复而造成冲突。

本章小结

本章内容主要介绍了 MariaDB 的备份与恢复。任何一个系统中,数据都具有相当重要的地位。在使用 MariaDB 数据库时,同样需要关注数据的重要性,体现在数据的备份与恢复上。当前,MariaDB 提供了硬备份和软备份两种工具,本章详细介绍了工具 mariabackup 和 mysqlddump 的用法。同时,介绍了另外两种重要的并被广泛使用的方法,即主从备份和主主备份。

第10章 第三方连接MariaDB

目前,MariaDB 作为被广泛使用的开源关系数据库,用于存放关系数据,在实际使用中,用户更希望的是通过第三方编程工具连接 MariaDB 数据库,开发更实用的系统。基于此,本章介绍第三方程序连接到 MariaDB 数据库的方法。

10.1 Java 连接 MariaDB

MariaDB 提供了用于 Java 连接的专用驱动,最新驱动的下载地址如下:

https://mariadb.com/downloads/#connectors

在 Java 中连接 MariaDB 可以采用两种方式:一种是直接下载连接驱动并放置到 Java 开发路径中;另一种是采用 Maven 管理 Jar 包方式,构建一个 Java 应用程序。

下面以在 Eclipse 开发工具中,采用 Maven 方式创建一新的工程,并连接 MariaDB 数据库,实现学生表的增加和查看操作。

打开 Eclipse 开发工具,选择 file→New→Project 菜单命令,在 New Project 对话框的列表框中找到并选择 Maven Project 选项,单击 Next 按钮,如图 10.1 所示。

勾选 Create a simple project 复选框,单击 Next 按钮,如图 10.2 所示。

打开配置新项目窗口,如图 10.3 所示。

按图 10.3 所示输入 Group Id、Artifact Id 等内容,单击 Finish 按钮,完成配置,Eclipse 将创建新 Java 工程。在该工程中打开并编辑 pom.xml 文件,输入以下完整内容:

```xml
<projectxmlns=http://maven.apache.org/POM/4.0.0
    xmlns:xsi="http://www.w3.org/2001/XMLSchema-instance"
    xsi:schemaLocation="http://maven.apache.org/POM/4.0.0
    https://maven.apache.org/xsd/maven-4.0.0.xsd">
<modelVersion>4.0.0</modelVersion>
<groupId>com.zioer</groupId>
<artifactId>JavaDemo</artifactId>
<version>0.0.1-SNAPSHOT</version>
```

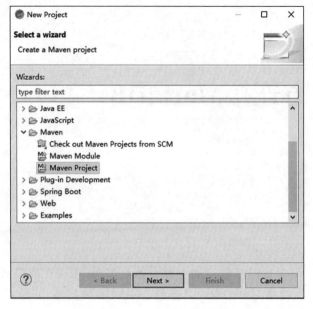

图 10.1　New Project 对话框

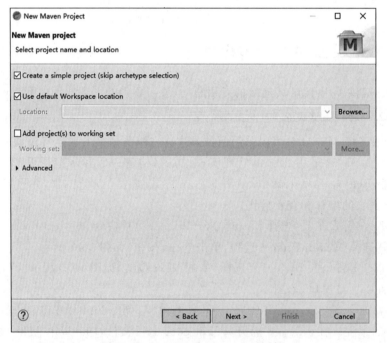

图 10.2　New Maven Project 对话框

```
<properties>
    <java.version>1.8</java.version>
    <mariadb.version>2.4.4</mariadb.version>
</properties>
<dependencies>
    <dependency>
        <groupId>org.mariadb.jdbc</groupId>
        <artifactId>mariadb-java-client</artifactId>
```

第10章 第三方连接MariaDB

图 10.3 新工程配置

```xml
        <version>${mariadb.version}</version>
    </dependency>
  </dependencies>
</project>
```

在上面的 XML 代码中,只加入了 MairaDB 连接驱动相关依赖。图 10.4 所示为该 Java 工程结构。

其中,连接配置文件 jdbc.properties 内容如下:

```
jdbc.username=root
jdbc.password=root
jdbc.driver=org.mariadb.jdbc.Driver
jdbc.url=jdbc\:mariadb\://192.168.137.13\:3306/db1?useUnicode\=true&characterEncoding\=utf-8
```

以上配置项的描述如下。

① jdbc.username:指定连接 MariaDB 数据库的用户名。

② jdbc.password:指定连接 MariaDB 数据库用户名对应密码。

图 10.4 Java 工程结构

③ jdbc.driver:指定连接驱动。

④ jdbc.url:指定 MariaDB 数据库所在服务器的地址、端口、连接数据库等。

文件 JdbcUtil.java 用于 Java 连接 MariaDB 数据库操作,内容如下:

```java
package com.zioer.util;
import java.io.InputStream;
import java.sql.Connection;
import java.sql.DriverManager;
```

```java
import java.sql.PreparedStatement;
import java.sql.ResultSet;
import java.sql.ResultSetMetaData;
import java.sql.SQLException;
import java.util.ArrayList;
import java.util.HashMap;
import java.util.List;
import java.util.Map;
import java.util.Properties;

public class JdbcUtil {
    //表示定义数据库的用户名
    private static String USERNAME ;

    //定义数据库的密码
    private static String PASSWORD;

    //定义数据库的驱动信息
    private static String DRIVER;

    //定义访问数据库的地址
    private static String URL;

    //定义数据库的连接
    private Connection connection;

    //定义SQL语句的执行对象
    private PreparedStatement pstmt;

    //定义查询返回的结果集合
    private ResultSet resultSet;

    static{
        //加载数据库配置信息,并给相关的属性赋值
        loadConfig();
    }

    /**
     * 加载数据库配置信息,并给相关的属性赋值
     */
    public static void loadConfig() {
        try {
            InputStream inStream = JdbcUtil.class
                    .getResourceAsStream("/jdbc.properties");
            Properties prop = new Properties();
            prop.load(inStream);
            USERNAME = prop.getProperty("jdbc.username");
            PASSWORD = prop.getProperty("jdbc.password");
            DRIVER = prop.getProperty("jdbc.driver");
            URL = prop.getProperty("jdbc.url");
        } catch (Exception e) {
            throw new RuntimeException("读取数据库配置文件异常!", e);
        }
    }
```

```java
/**
 * 获取数据库连接
 *
 * @return 数据库连接
 */
public Connection getConnection() {
    try {
        Class.forName(DRIVER);                                              //注册驱动
        connection = DriverManager.getConnection(URL, USERNAME, PASSWORD); //获取连接
    } catch (Exception e) {
        throw new RuntimeException("get connection error!", e);
    }
    return connection;
}

/**
 * 执行更新操作
 *
 */
public boolean updateByPreparedStatement(String sql, List<?> params)
        throws SQLException {
    boolean flag = false;
    int result = -1;       //表示当用户执行添加、删除和修改操作时所影响数据库的行数
    pstmt = connection.prepareStatement(sql);
    int index = 1;
    //填充SQL语句中的占位符
    if (params != null && !params.isEmpty()) {
        for (int i = 0; i < params.size(); i++) {
            pstmt.setObject(index++, params.get(i));
        }
    }
    result = pstmt.executeUpdate();
    flag = result > 0 ? true : false;
    return flag;
}

/**
 * 执行查询操作
 *
 */
public List<Map<String, Object>> findResult(String sql, List<?> params)
        throws SQLException {
    List<Map<String, Object>> list = new ArrayList<Map<String, Object>>();
    int index = 1;
    pstmt = connection.prepareStatement(sql);
    if (params != null && !params.isEmpty()) {
        for (int i = 0; i < params.size(); i++) {
            pstmt.setObject(index++, params.get(i));
        }
    }
    resultSet = pstmt.executeQuery();
    ResultSetMetaData metaData = resultSet.getMetaData();
    int cols_len = metaData.getColumnCount();
    while (resultSet.next()) {
```

```java
            Map<String, Object> map = new HashMap<String, Object>();
            for (int i = 0; i < cols_len; i++) {
                String cols_name = metaData.getColumnName(i + 1);
                Object cols_value = resultSet.getObject(cols_name);
                if (cols_value == null) {
                    cols_value = "";
                }
                map.put(cols_name, cols_value);
            }
            list.add(map);
        }
        return list;
    }

    /**
     * 释放资源
     */
    public void releaseConn() {
        if (resultSet != null) {
            try {
                resultSet.close();
            } catch (SQLException e) {
                e.printStackTrace();
            }
        }
        if (pstmt != null) {
            try {
                pstmt.close();
            } catch (SQLException e) {
                e.printStackTrace();
            }
        }
        if (connection != null) {
            try {
                connection.close();
            } catch (SQLException e) {
                e.printStackTrace();
            }
        }
    }
}
```

以上代码中，重点内容已添加注释，主要完成读取配置文件内容、MariaDB 数据库的连接和释放、更新和读取数据表等操作。

建立文件 Demo.java，通过调用 JdbcUtil.java 文件，写入和读取数据表 student，内容如下：

```java
package com.zioer.main;

import java.sql.SQLException;
import java.util.ArrayList;
import java.util.List;
import java.util.Map;
import com.zioer.util.JdbcUtil;
```

```java
public class Demo {
    static JdbcUtil jdbcUtil = new JdbcUtil();

    public static void main(String[] args) {
        jdbcUtil.getConnection();

        //加入记录
        insertStudent("Mary","女",2);
        //输出所有记录
        System.out.println(getListFROM student());

        jdbcUtil.releaseConn();
    }

    /**
     * 读取全部记录
     */
    public static List<Map<String,Object>> getListFROM student(){
        try {
            String sql = "select * from student";

            List<Object> params = new ArrayList<Object>();

            List<Map<String,Object>> result = jdbcUtil.findResult(sql, params);

            return result;
        } catch (SQLException e) {
            e.printStackTrace();
            return null;
        }
    }

    /**
     * 加入新记录
     */
    public static Boolean insertStudent(String name,String sex,int classid){
        try {
            String sql = "insert into student (name,sex,classid) values (?,?,?)";

            List<Object> params = new ArrayList<Object>();
            params.add(name);
            params.add(sex);
            params.add(classid);

            return jdbcUtil.updateByPreparedStatement(sql, params);
        } catch (SQLException e) {
            e.printStackTrace();
            return false;
        }
    }
}
```

以上代码实现两个功能：在数据表 student 中加入新记录；读取和显示数据表 student

中的记录。保存该文件后,编译和运行该工程,在 Console 面板中显示图 10.5 所示的内容。

```
<terminated> Demo [Java Application] C:\Program Files\Java\jre1.8.0_241\bin\javaw.exe (2020年5月5日 上午11:32:13 – 上午11:32:14)
[{classid=1, sex=nv, name=kitty, createdate=, updatetime=2020-05-01 11:34:58.0, sid=1}, {classid=2, sex=女,
```

图 10.5 运行 Java 工程

至此,完成 Java 连接 MariaDB 数据库,实现数据库中记录的新增和查看。其他相关操作,如修改、删除记录等方法与此类似。

10.2 PHP 连接 MariaDB

PHP 是著名的开源脚本语言,在面向 B/S 架构系统的研发中应用很广泛。下面介绍 PHP 连接 MariaDB 数据库方法。在 Eclipse 开发环境中,新建一个 PHP 项目,并创建 PHP 文件 test.php,项目结构如图 10.6 所示。

图 10.6 PHP 项目结构

编辑 test.php 文件,增加以下内容:

```php
<?php
    $link = mysqli_connect('192.168.137.13','root','root');

    if(!$link){
        die("连接错误: " .mysqli_connect_error());
    }

    //设置连接字符集
    mysqli_set_charset( $link,'utf8');

    //选择数据库
    mysqli_select_db( $link,'db1');

    $sql = "INSERT INTO student (name, sex, classid)
                VALUES ('Nubby', '男', 1)";

    mysqli_query( $link, $sql);

    //准备 SQL 语句
    $sql = "select * from student";

    //运行 SQL 语句
    $res = mysqli_query( $link, $sql);

    while( $rows = mysqli_fetch_assoc( $res)){
        var_dump( $rows);
    }
    //关闭数据库释放资源
```

```
        mysqli_close($link);
?>
```

在 PHP 示例代码中，mysqli_connect()函数用于连接 MariaDB 服务器，mysqli_query()用于操作数据表，包括编辑、查询记录等。编辑完以上内容后直接运行上述代码，在 Console 窗口中能查看到运行结果，如图 10.7 所示。

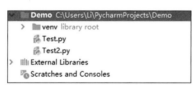

图 10.7　PHP 示例运行结果

10.3　Python 连接 MariaDB

Python 是跨平台的面向对象的脚本设计语言。Python 语言具有简单、易学等优点，目前在很多行业应用都很广泛，包括 Web 开发、人工智能、科学统计与技术等领域。下面介绍 Python 连接 MairaDB 操作。

在 PyCharm 开发工具中，创建一新的 Python 工程，在其中新建两个 Python 文件，项目结构如图 10.8 所示。

图 10.8　Python 项目结构

其中，Test.py 文件内容如下：

```
import pymysql
# 打开数据库连接

db = pymysql.connect('192.168.137.13','root','root','db1')

# 使用 cursor()方法获取操作游标
cursor = db.cursor()

# SQL 插入语句
sql = "INSERT INTO student (name, sex, classid) VALUES ('Anti', '女', 2)"

try:
    cursor.execute(sql)                    # 执行 SQL 语句
    db.commit()                            # 提交到数据库执行
```

```
except:
    db.rollback()                              # 如果发生错误则回滚

# 关闭数据库连接
db.close()
```

在上面的代码中,要连接 MariaDB 数据库,需要先加入 pymysql 库,该库是在 Python 中用于连接 MariaDB 服务器的一个库。pymysql.connect()函数用于连接数据库,使用 execute()执行插入 SQL 语句。以上执行的操作是:在数据表 student 中插入新记录。

Test2.py 文件内容如下:

```
import pymysql
# 打开数据库连接

db = pymysql.connect('192.168.137.13','root','root','db1')

# 使用 cursor()方法获取操作游标
cursor = db.cursor()

# SQL 查询语句
sql = "SELECT * FROM student"

try:
    cursor.execute(sql)                        # 执行 SQL 语句
    results = cursor.fetchall()                # 获取所有记录列表

    for row in results:
        username = row[0]
        sex = row[1]

        # 打印结果
        print("username = %s,sex = %s" % (username,sex))
except:
    print("Error: unable to fetch data")

# 关闭数据库连接
db.close()
```

以上代码实现的功能是打印输出数据表 student 中记录,运行结果如图 10.9 所示。

```
C:\Users\Li\PycharmProjects\Demo\venv\S
username=1,sex=kitty
username=6,sex=Mary
username=7,sex=Nubby
username=8,sex=Anti

Process finished with exit code 0
```

图 10.9　Python 输出运行结果

通过上面的代码可知,Python 可方便连接到 MariaDB 数据库,实现新增、打印输出数据表内容等功能。

10.4　Node.js 连接 MariaDB

Node 是让 JavaScript 能运行在服务端的开发平台，Node.js 是运行在服务端的 JavaScript，熟悉前端开发的人员会很容易学会 Node.js。Node 提供了连接至 MariaDB 数据库的方法。下面介绍 Node.js 连接 MariaDB 的方法。

在 VS Code 编辑器中，创建一新的工程，如图 10.10 所示。

图 10.10　Node.js 新工程

接着，在命令提示符下进入该工程目录，运行下面的语句：

```
cnpm install mysql
```

或

```
npm install mysql
```

运行后，结果如图 10.11 所示。

图 10.11　安装 mysql 模块

以上命令的目的是在工程中安装 mysql 模块。创建测试文件 a.js，加入下面代码：

```
var mysql = require('mysql');
var connection = mysql.createConnection({
  host     : '192.168.137.13',
  user     : 'root',
  password : 'root',
  database : 'db1'
});

connection.connect();

insert();

function insert() {
    connection.query("INSERT INTO `student` (name, sex) VALUES ('吕蒙', '男')",
    function(error, results, fields) {
        if(!error)
            console.log('insert : OK');
    })
    selectAll();
}
```

```
function selectAll() {
    connection.query('SELECT * FROM `student`', function(error, results, fields) {
    console.log(results);
    })
}
```

要连接至 MariaDB 数据库,需在首行加入下面的内容：

```
var mysql = require('mysql');
```

接着就可使用其提供的方法操作数据库了。mysql.createConnection()用于连接数据库,该函数需提供连接到 MariaDB 数据库的地址、连接用户名、连接密码以及连接至的数据库名等内容；connection.connect()执行连接操作；自定义函数 insert()用于在数据表 student 中加入记录,重点是使用了 connection.query()函数进行操作；selectAll()用于查询 student 表所有记录,并打印输出。运行以上工程,Console 面板显示结果如图 10.12 所示。

图 10.12　Node.js 示例运行结果

至此,介绍完 Node.js 连接 MariaDB 数据库相关操作。

本章小结

本章属于高级示范,介绍了 Java、PHP、Python 和 Node.js 连接以及操作 MariaDB 数据库的方法及其示例。由本章介绍,各编程语言连接和操作 MariaDB 数据库都提供了连接方法,只需要很好地掌握这些方法,就能很容易熟练运用和掌握本书介绍的 MariaDB 数据库操作方法。同时,本章在介绍各种编程语言连接 MariaDB 数据库操作时,涉及不同的编辑工具,但没有详细介绍,如需具体连接,可查看各相关资料。

第11章 高级设置

前面章节介绍关于 MariaDB 数据库的内容已经很全面,但在实际应用中,还是会遇到各种问题。基于此,在本书的最后一章将介绍在使用 MariaDB 数据库过程中,通过实际问题介绍一些高级设置,帮助读者更快速掌握 MariaDB 的应用。

11.1 版本升级

MariaDB 升级速度还是很快的,在撰写本书时,其版本还是 10.5.X,快写完时,已经更新到 10.6.5 了。在使用过程中,能明显感觉到其中的区别,一是功能在不停完善中,二是性能得到不断优化。在使用过程中,体验性越来越好。所以,在使用过程中,不能只停留在其中一个版本,而是要随着其版本的更新而升级,除非新版本不能在当前系统中使用。

下面介绍在各个操作系统中版本升级的方式。

11.1.1 在 Windows 下升级

在升级前,按照前面章节,先做好 MariaDB 数据库中的数据备份,以防止升级不成功使数据丢失。

在 Windows 下升级分为两种情况。

(1) 采用 MSI 文件升级方式。如在 Windows 10 下安装 MariaDB 10.5.13,版本显示如图 11.1 所示。

由图 11.1 可知,当前版本是 10.5.13,但需要升级到最新版本 10.6.5,此时,可下载 10.6.5 的 MSI 安装程序包,然后双击安装,如图 11.2 所示。

图 11.1 查看当前版本

单击 Next 按钮,直到出现选择升级界面,如图 11.3 所示。

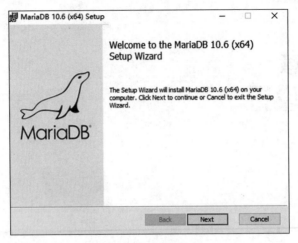

图 11.2　安装升级

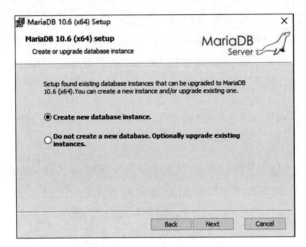

图 11.3　选择安装方式

该项目有两个选项，一是创建新的数据库实例，二是升级本系统已安装实例。此时，请选中第二项，然后单击 Next 按钮，出现选择路径界面，如图 11.4 所示。

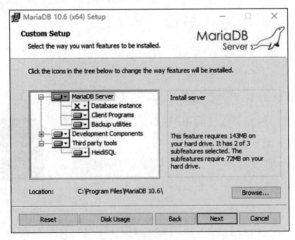

图 11.4　选择路径

选择之前安装 MariaDB 的路径，然后单击 Next 按钮，如图 11.5 所示。

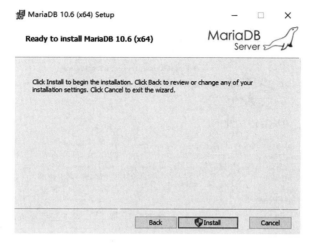

图 11.5　开始安装

确认之前操作无误后，单击 Install 按钮，开始升级安装。如果之前的 MariaDB 服务没有关闭，则在升级安装过程中会提示是否先关闭，如图 11.6 所示。

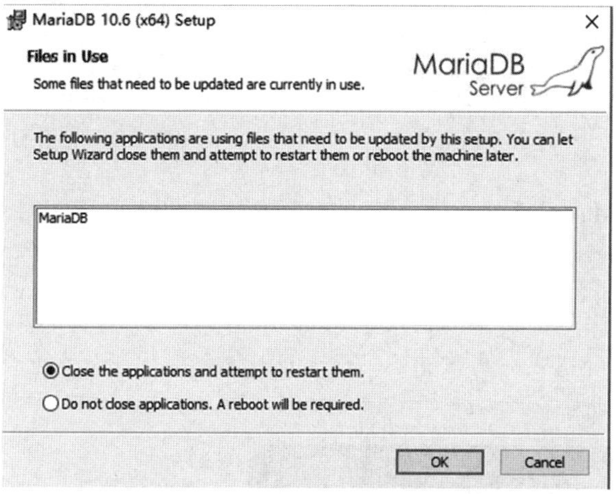

图 11.6　提示是否关闭 MariaDB 服务

保持默认选项，然后单击 OK 按钮，继续安装。

安装完成后单击 Finish 按钮（见图 11.7），完成 MariaDB 数据库的升级，此时进入 MariaDB 的命令提示符，查看当前版本，如图 11.8 所示。

MariaDB 从老版本升级到新版本 10.6.5。运行下面命令查看所有数据库：

```
SHOW databases;
```

运行以上命令后，显示如图 11.9 所示。

可见当前系统没有 sys 数据库，该数据库是 10.6 以上版本才具备，显然升级还没有完成。

输入下面命令：

```
exit
```

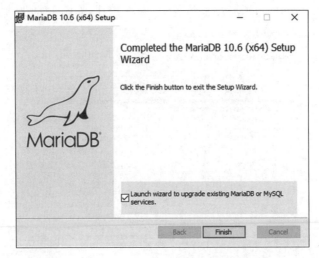

图 11.7 安装完成提示

图 11.8 查看升级后版本　　图 11.9 查看数据库

运行后,将退出 MariaDB 命令提示符,接着进入 MariaDB 所在目录,运行下面的命令:

```
mysql_upgrade.exe -uroot -proot
```

以上命令中的密码可根据实际情况变更,运行后如图 11.10 所示。

等待升级命令运行完成。再次进入 MariaDB 命令提示符,运行查看所有数据库,运行后的结果如图 11.11 所示。

图 11.10 运行升级程序　　图 11.11 查看数据库

由图 11.11 可知,数据库 sys 已存在,此时数据库升级成功。

(2) 手动进行升级。首先,在服务中停止 MariaDB 相关服务,在 Windows 服务中,找到 MariaDB 相关服务并右击,然后在快捷菜单中选择"停止"命令,如图 11.12 所示。

接着下载 MairaDB 最新版的 ZIP 包。双击打开该 ZIP 包,如图 11.13 所示,

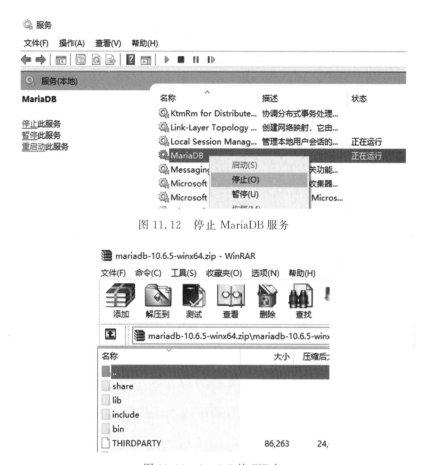

图 11.12　停止 MariaDB 服务

图 11.13　10.6.5 的 ZIP 包

该压缩包为当前最新 10.6.5 的压缩包,复制其中的 bin 和 lib 文件夹。在本地 MariaDB 的目录(有可能是 MSI 或是解压缩等方式安装),删除同名的 bin 和 lib 文件夹,如图 11.14 所示。

图 11.14　删除 MariaDB 安装目录下的 bin 和 lib 文件夹

删除完成后,将 10.6.5 版本的 bin 和 lib 文件夹复制到该目录。接着,启动 MariaDB 服务,最后记得在命令行提示符下运行下面命令:

```
mysql_upgrade.exe -uroot -p
```

运行结束后，MariaDB 升级完成。

以上介绍两种在 Windows 下的升级方式。主要步骤：一是备份数据，如果 MariaDB 升级不成功，可保证数据不丢失；二是采用安装 MSI 方式升级，适用于之前版本的安装就是采用 MSI 方式安装。但更通用的方式是采用第二种替换方式，无论是 MSI 安装还是手动解压安装都适用。最后一定要运行命令 mysql_upgrade.exe；否则访问数据库时会出现错误。

11.1.2　在 CentOS 下升级

在升级 MariaDB 之前，同样需要先备份数据。查看当前系统中 MariaDB 的版本，如图 11.15 所示。

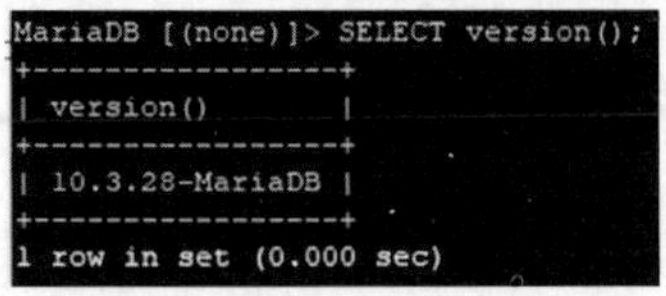

当前版本还停留在 10.3，下面是升级方法，以使用当前最新版本。

首先，在命令提示符下运行下面的命令，添加 MariaDB 最新存储库：

图 11.15　查看当前版本

```
# curl -LsS -O https://downloads.mariadb.com/MariaDB/mariadb_repo_setup
# bash mariadb_repo_setup --mariadb-server-version=10.6
```

运行结束后，执行下面命令删除本机的 MariaDB 数据库：

```
# dnf remove mariadb-server
```

删除完成后，运行下面命令更新缓存和安装 10.6.5 版本：

```
# dnf makecache
# dnf -y install MariaDB-server
```

安装完成后，运行下面命令启动 MariaDB 服务：

```
# systemctl start mariadb
```

启动完成后，一般执行下面命令升级 MariaDB 数据库：

```
# mysql_upgrade -uroot -p
```

按照提示，输入用户 root 的密码，进行 MariaDB 升级操作。

运行结束后，完成 MariaDB 在 CentOS 系统中的升级，以上操作是在 CentOS 8 中进行。

在以上操作步骤中，重要的是数据备份，其次需要删除本机中已有的 MariaDB 版本，删除过程中不会删除已有数据；接着运行安装操作，安装将依据最新版本进行升级安装；最后，需要运行 mysql_upgrade 命令完成升级操作。

11.1.3　在 Ubuntu 下升级

在 Ubuntu 下的升级过程如下。首先，备份本地 MariaDB 数据库中的数据。然后，在 MariaDB 的命令行提示符下运行下面命令：

```
SELECT version();
```

运行后，显示结果如图 11.16 所示。

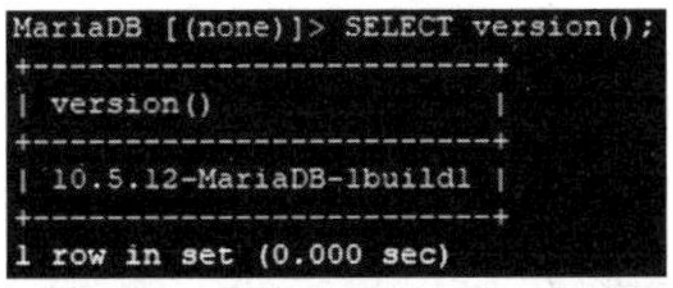

图 11.16　查看当前版本

由图 11.16 可知,MariaDB 当前版本为 10.5.12。操作下面步骤,升级 MariaDB 到最新版本 10.6.5。

运行下面命令,删除本地已有 MariaDB 版本:

apt-get purge mariadb-server mariadb-client

运行完成后,接着运行下面命令:

apt-get clean all

清除缓存后,运行下面命令,添加 apt 存储库:

apt-key adv --recv-keys --keyserver hkp://keyserver.ubuntu.com:80 0xF1656F24C74CD1D8
add-apt-repository "deb [arch=amd64,arm64,ppc64el] http://mariadb.mirror.liquidtelecom.com/repo/10.6/ubuntu $(lsb_release -cs) main"

命令运行结束后,运行下面命令开始安装升级 MariaDB:

apt-get install mariadb-server

上面命令用于安装最新版本,安装结束后直接运行下面命令进入 MariaDB 命令行模式:

mariadb

同样地,运行下面命令查看当前版本:

SELECT version();

运行后,结果如图 11.17 所示。

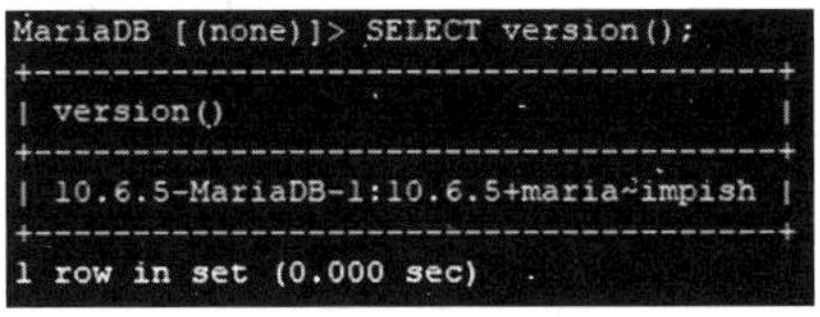

图 11.17　查看版本

由图 11.17 可知,当前版本已经升级到最新版本 10.6.5。

提示:升级完成后,可不用单独运行下面命令升级 MariaDB:

mysql_upgrade -uroot -p

实际上,Ubuntu 在升级过程中,已帮助我们完成了这些操作。

11.2　设置远程访问

在前面章节曾介绍过如何在 MariaDB 数据库中设置用户远程访问,下面简单总结一下。使用下面语句查看当前用户以及可访问的远程主机:

```
SELECT user,is_role,host FROM mysql.user;
```

运行以上语句查看当前系统的用户、是否是角色以及可访问的主机，结果类似图 11.18 所示。

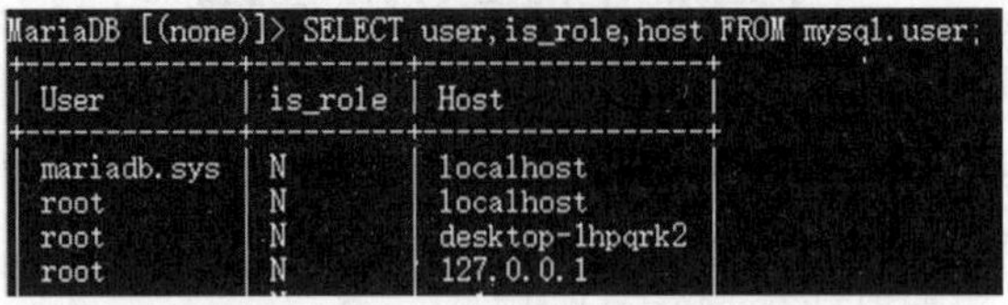

图 11.18　查看当前系统用户

设置一个用户和赋予权限的语句示例如下：

```
GRANT ALL PRIVILEGES ON *.* TO 'root'@'%' IDENTIFIED BY 'root';
```

以上语句直接赋予根用户 root 全部权限，并可进行主机访问，设置密码为 root，运行后的结果如图 11.19 所示。

图 11.19　设置 root 远程访问

运行结束后还不能马上生效，需要运行下面语句使之生效：

```
FLUSH PRIVILEGES;
```

运行后如图 11.20 所示。

图 11.20　运行 flush 语句

只有运行以上语句后设置才能生效，用户 root 才能进行远程访问。由此，按照以上设置方法，设置其他普通用户的远程访问权限时，需要同样的步骤，示例如下：

```
GRANT ALL PRIVILEGES ON db1.* TO 'bom'@'%' IDENTIFIED BY '123456';
FLUSH PRIVILEGES;
```

运行以上语句后，结果如图 11.21 所示。

图 11.21　设置普通用户远程访问权限

此时，用户 bom 具有远程访问 MariaDB 中 db1 数据库的全部权限。

当然，如果没有运行 FLUSH 语句，另一种使之生效的方法是重启 MariaDB 数据库服务。

设置完成后也许还不能远程访问，这是由于 MariaDB 数据库所在服务器的防火墙是开启状态，需要允许 MariaDB 数据库的端口通过，如默认 3306 端口。如果更改为其他端口，则需要允许其他端口通过。

下面以 Windows 为例，介绍如何开启 3306 端口。

打开 Windows 中的"控制面板",单击"系统和安全",接着单击"Windows 防火墙",如图 11.22 所示。

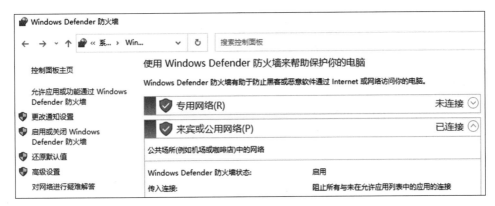

图 11.22　Windows 防火墙

当前防火墙处于开启状态。单击左侧的"高级设置",如图 11.23 所示。

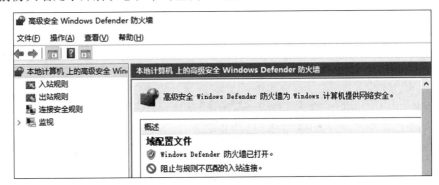

图 11.23　高级安全防火墙设置

单击左侧"入站规则"选项,接着在打开的页面单击"新建规则",如图 11.24 所示。

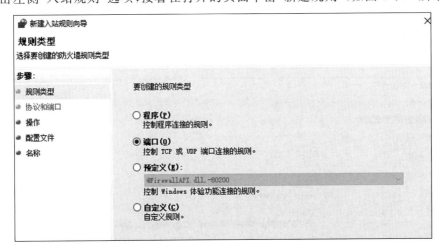

图 11.24　新建"入站规则"

选择"端口"后单击"下一步"按钮,如图 11.25 所示。

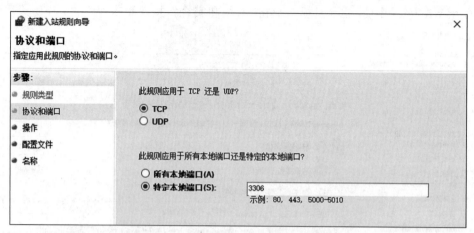

图 11.25 输入端口

在"特定本地端口"文本框中输入端口号,如 3306,接着单击"下一步"按钮,如图 11.26 所示。

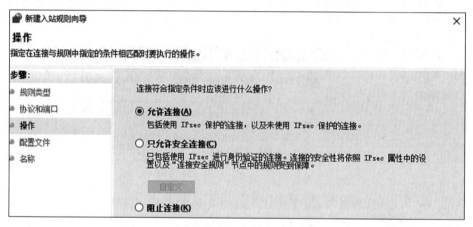

图 11.26 选择连接方式

选中"允许连接"单选按钮即可,然后单击"下一步"按钮,如图 11.27 所示。

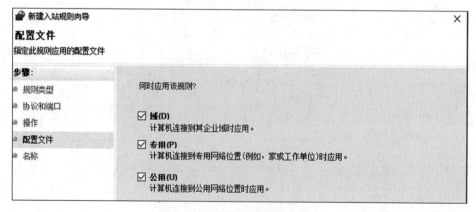

图 11.27 选择何时应用该规则

默认全部勾选复选框,然后单击"下一步"按钮,如图 11.28 所示。

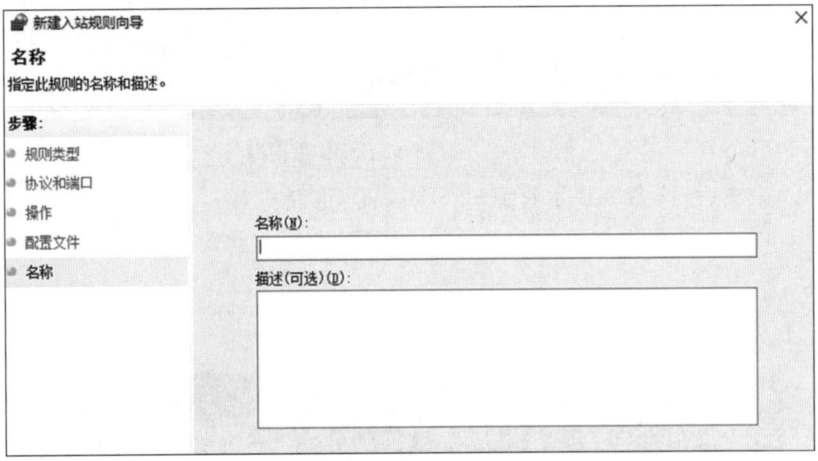

图 11.28　输入名称等

输入该规则"名称"和"描述"后,单击"完成"按钮。完成入站规则的设置,此时,远程主机就可以通过网络访问本地 MariaDB 服务了。

另一种方式是,如果确定本地网络安全的情况下,关闭 MariaDB 所在计算机防火墙即可。

11.3　忘记 root 密码

用户 root 是 MariaDB 数据库中一个特殊的用户。比如,安装完 MariaDB 数据库,至少有一个用户,那就是 root,它具有访问 MariaDB 数据库的全部权限,极其重要。一般应该由 MariaDB 数据库的管理员管理该用户,其他用户应该由管理员创建并分配相应权限。但难免有忘记该密码的时候,下面介绍如何找回 root 用户的密码。

11.3.1　在 Windows 下

忘记 root 密码后,在 Windows 下的操作步骤如下。
首先,在服务中停止 MariaDB 相关服务,在命令提示符下输入下面命令:

net stop MariaDB

运行以上命令后,结果如图 11.29 所示。

图 11.29　停止 MariaDB 服务

提示:在上面命令中,MariaDB 是服务名称,可以根据需要进行修改。
接着,运行下面命令:

mysqld -- skip - grant - tables

以上命令为跳过权限表认证方式启动 MariaDB 数据库,启动后如图 11.30 所示。

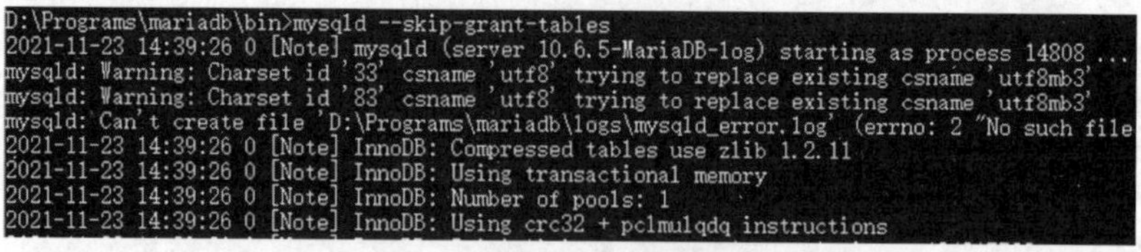

图 11.30　启动 MariaDB 数据库

等待启动完成后，该命令提示符窗口不要关闭，重新打开一个命令提示窗口，在其中输入下面命令，可跳过认证方式，直接进入 MariaDB 命令提示符窗口：

mariadb

运行以上命令后，结果如图 11.31 所示。

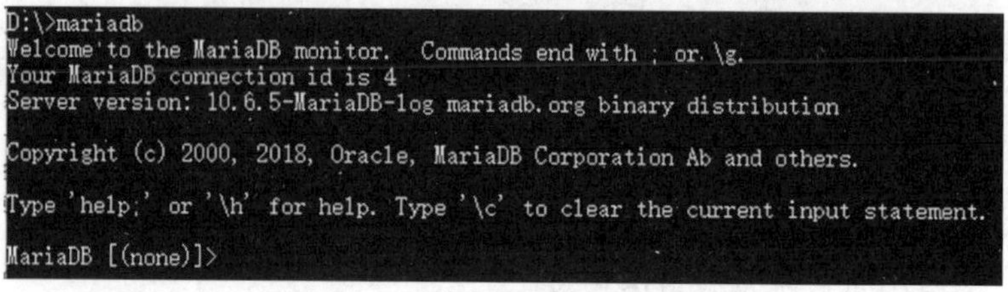

图 11.31　进入 MariaDB 命令行模式

由图 11.31 可知，没有任何认证，直接进入 MariaDB 命令行模式。
在该模式下，可修改 root 密码，输入下面语句：

set password for 'root'@'localhost' = password('123');

运行后，可能会遇到 1290 错误，如图 11.32 所示。

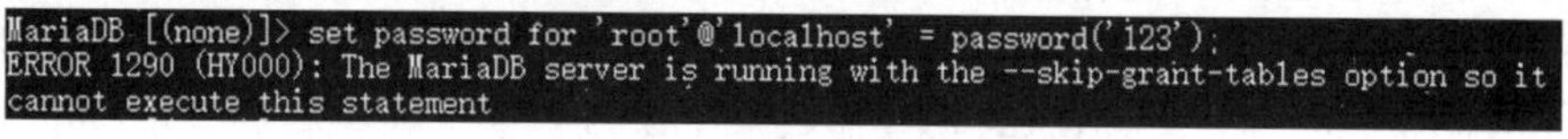

图 11.32　1290 错误

需要先执行下面 FLUSH 语句：

FLUSH PRIVILEGES;

之后再次执行修改密码语句：

set password for 'root'@'localhost' = password('123');

运行以上语句后，结果如图 11.33 所示。

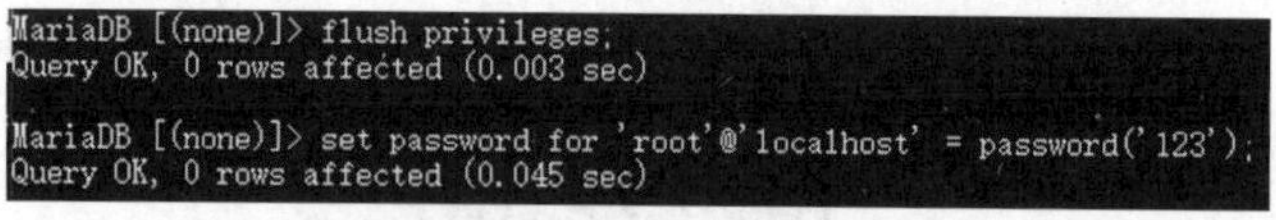

图 11.33　修改 root 密码

执行完成，再次执行 FLUSH 语句：

FLUSH PRIVILEGES;

依次关闭前面启动 mysqld 命令和运行 MariaDB 语句的两个窗口，再次正常启动 MariaDB 服务。启动完成后，打开一个命令提示符窗口，在其中输入下面命令：

mysql -uroot -p123

运行以上命令后,正常进入 MariaDB 命令行提示符,如图 11.34 所示。

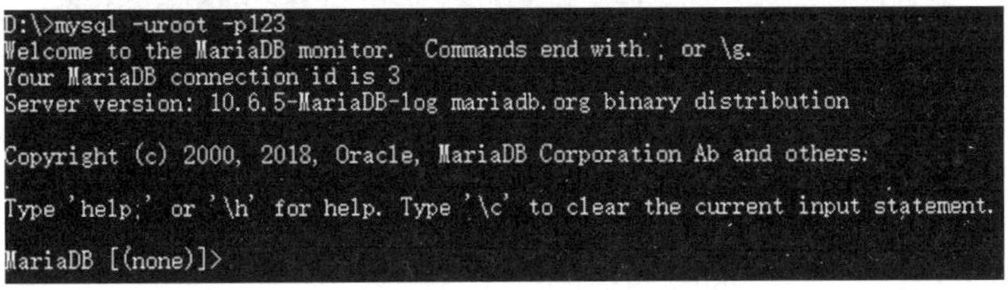

图 11.34　正常进入 MariaDB 命令行提示符

至此,完成在 Windows 系统中,忘记用户 root 密码,重置其密码的过程。

11.3.2　在 CentOS 下

在类 Linux 系统中,忘记密码重置的过程类似,在此以在 CentOS 系统下重置为例进行介绍。

首先,在命令行提示符下,输入以下命令,以停止 MariaDB 服务:

♯ systemctl stop mariadb

运行结束后,执行下面命令:

♯ mysqld_safe -- skip - grant - tables &

运行以上命令后,MariaDB 将忽略认证方式,在后台启动 MariaDB 服务。接着,在命令行提示符下输入下面命令,进入 MariaDB 命令行提示符:

♯ mariadb

运行以上命令后,结果如图 11.35 所示。

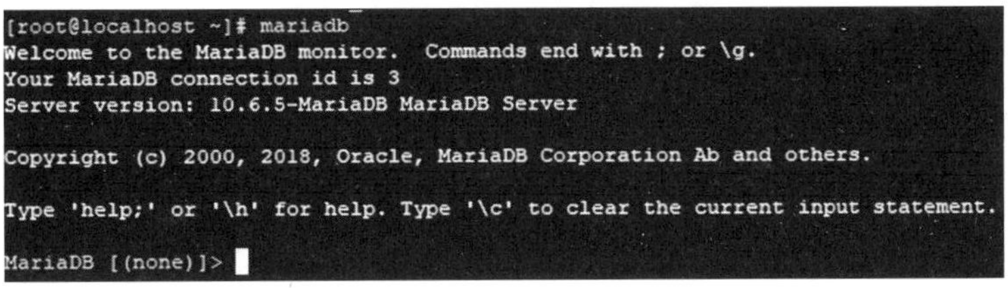

图 11.35　直接进入 MariaDB 命令行模式

接着,在该模式下输入下面命令:

alter user 'root'@'localhost' identified by '123';

同样,有可能出现 1290 错误,需要先运行 FLUSH 语句,再次运行修改密码语句:

FLUSH PRIVILEGES;
ALTER USER 'root@localhost' IDENTIFIED BY '123';

修改完成后,再次运行 FLUSH 语句:

FLUSH PRIVILEGES;

运行以上命令后,结果如图 11.36 所示。
由图 11.36 可知,修改用户 root 密码完成。接着退出 MariaDB 命令行模式。

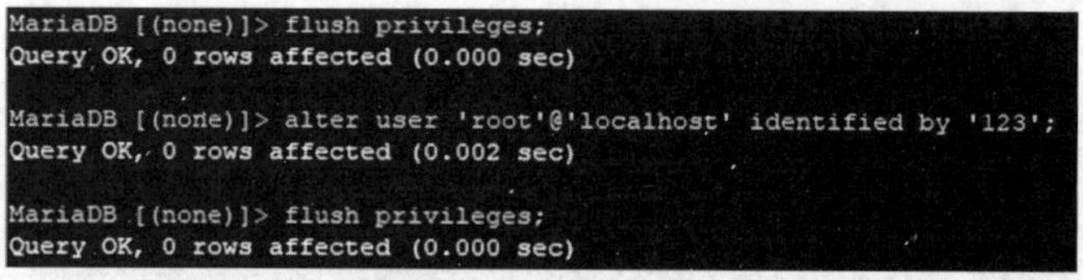

图 11.36　修改用户 root 密码

接着,运行下面命令重启 MariaDB 服务:

\# systemctl stop mariadb
\# systemctl start mariadb

运行完成后使用下面命令登录 MariaDB:

mariadb – uroot – p

运行以上命令后,提示输入 root 密码,输入刚设置的新密码,可进入 MariaDB 命令行模式,如图 11.37 所示。

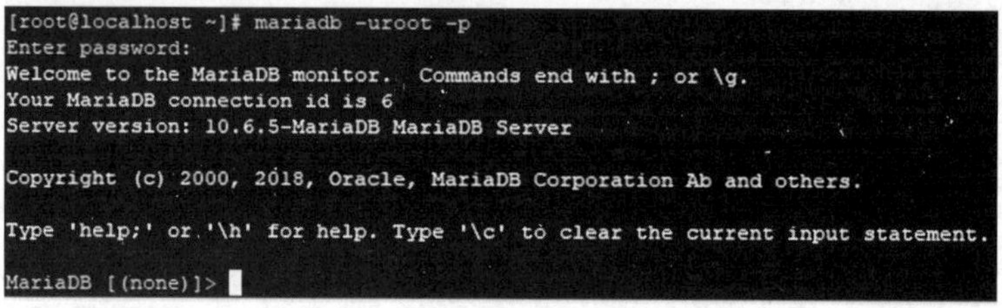

图 11.37　进入 MariaDB 命令行模式

以上两小节介绍的重置密码语句,有两种方式都可使用,可根据需要采用任意一种即可。

提示:在 Ubuntu 下,停止 MariaDB 服务的命令如下:

\# service mariadb stop

启动 MariaDB 服务的命令如下:

\# service mariadb start

其余操作语句和上文一样。

11.4　数据表名大小写问题

在创建数据表时,由于数据表创建不规范,可能在表名称中同时含大小写字母,而在后期查询等操作中,可能没注意表名称的大小写问题,造成操作失败。

这是由于在 Windows 系统和 Linux 类系统中,安装 MariaDB 时默认的大小写处理不同造成。在 Windows 系统中,默认是对表名大小写不敏感;而在 Linux 类系统中,默认是对表名大小写敏感,即表名 student 和表名 Student 是不同的两张数据表。

这可以由进入 MariaDB 命令提示符下,输入下面命令查看:

SHOW variables like 'lower_case_table_names';

以上命令运行后，在 Windows 系统中，结果如图 11.38 所示。

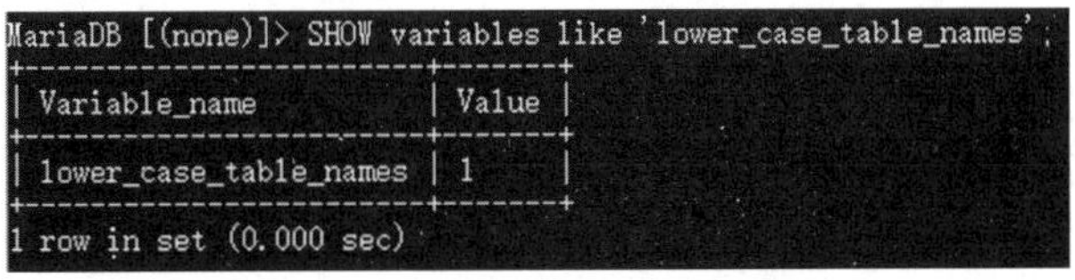

```
MariaDB [(none)]> SHOW variables like 'lower_case_table_names';
+------------------------+-------+
| Variable_name          | Value |
+------------------------+-------+
| lower_case_table_names | 1     |
+------------------------+-------+
1 row in set (0.000 sec)
```

图 11.38　Windows 中显示结果

而在 Ubuntu 系统中，显示如图 11.39 所示。

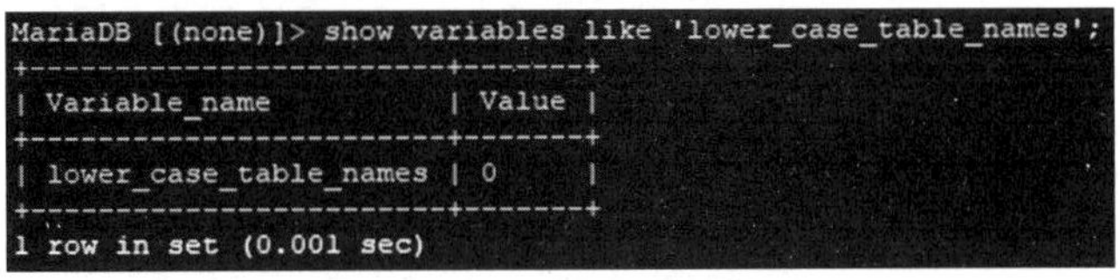

```
MariaDB [(none)]> show variables like 'lower_case_table_names';
+------------------------+-------+
| Variable_name          | Value |
+------------------------+-------+
| lower_case_table_names | 0     |
+------------------------+-------+
1 row in set (0.001 sec)
```

图 11.39　Ubuntu 中显示结果

由图 11.38 和图 11.39 的结果可知，结果值不一样，1 表示不敏感。错误发生可能是在 Windows 系统中的 MariaDB 导入了来自 Linux 类系统下 MariaDB 备份数据，或是在 Linux 类系统中开发系统时，在程序中没有注意数据表名的大小写问题等，都有可能导致查询等操作的失败。

所以，一种解决方法是，能在安装 MariaDB 数据库后就进行相关设置。

下面是在 CentOS 系统中，设置 lower_case_table_names 值为 1 的方式。在 CentOS 的命令行提示符下输入下面命令，编辑 server.cnf 配置文件：

```
# vi /etc/my.cnf.d/server.cnf
```

在打开的配置文件中[mysqld]标签下，添加下面配置内容：

```
lower_case_table_names = 1
```

添加完成后，保存并退出编辑器。

接着，运行下面命令重启 MariaDB 服务：

```
# systemctl restart mariadb
```

接着，在命令行提示符下进入 MariaDB，并查看变量 lower_case_table_names 的当前值：

```
# mariadb
# SHOW variables like 'lower_case_table_names';
```

运行结果如图 11.40 所示。

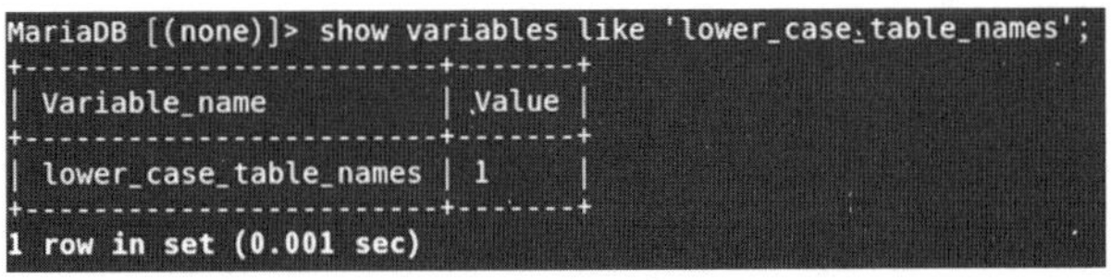

```
MariaDB [(none)]> show variables like 'lower_case_table_names';
+------------------------+-------+
| Variable_name          | Value |
+------------------------+-------+
| lower_case_table_names | 1     |
+------------------------+-------+
1 row in set (0.001 sec)
```

图 11.40　查看 lower_case_table_names 值

由图 11.40 可知，lower_case_table_names 值已被设置为 1，即此时大小写不再敏感。

此方法可解决困扰大家的数据表名大小写敏感问题。

本章小结

　　本章介绍了一些高级设置,包括版本升级、远程访问、重置root密码以及关于数据表名大小写敏感问题。本章内容不多,没有融入到其他章节,但是又很重要,是在日常中经常会遇到的,将这些常见问题归集,帮助读者下次遇到同样问题时可以快速解决。